"十二五"职业教育国家规划教材
经全国职业教育教材审定委员会审定

O2O 职业院校O2O新形态
立体化系列规划教材

常用工具软件
立体化教程

微课版 | 第 3 版

黄祥书 郑圣慈 / 主编
张传勇 边媛 程晓蕾 / 副主编

人民邮电出版社
北京

图书在版编目（CIP）数据

常用工具软件立体化教程：微课版 / 黄祥书，郑圣慈主编. -- 3版. -- 北京：人民邮电出版社，2022.8
职业院校O2O新形态立体化系列规划教材
ISBN 978-7-115-55749-0

Ⅰ. ①常… Ⅱ. ①黄… ②郑… Ⅲ. ①软件工具－高等职业教育－教材 Ⅳ. ①TP311.561

中国版本图书馆CIP数据核字（2020）第260540号

内 容 提 要

本书主要讲解常用工具软件的使用，包括磁盘管理工具、系统优化与维护工具、安全防护工具、文件管理工具、文档编辑工具、社交通信工具、智能移动办公工具、图形图像处理工具、音/视频编辑工具、自媒体处理工具等的使用。

本书采用项目的方式对知识点进行讲解，各个项目下设若干个任务，每个任务主要由任务目标、相关知识和任务实施3个部分组成。每个项目最后安排了课后练习和技巧提升板块，帮助学生进一步巩固所学内容。本书着重于对学生实际应用能力的培养，将职业场景引入课堂教学中，让学生提前进入工作的角色。

本书适合作为职业院校计算机应用等相关专业的教材，也可作为社会各类培训学校的教材，还可供计算机初学者自学参考。

◆ 主　　编　黄祥书　郑圣慈
　　副 主 编　张传勇　边　媛　程晓蕾
　　责任编辑　马小霞
　　责任印制　王　郁　焦志炜

◆ 人民邮电出版社出版发行　　北京市丰台区成寿寺路 11 号
　　邮编　100164　电子邮件　315@ptpress.com.cn
　　网址　https://www.ptpress.com.cn
　　大厂回族自治县聚鑫印刷有限责任公司印刷

◆ 开本：787×1092　1/16
　　印张：14.5　　　　　　　　2022 年 8 月第 3 版
　　字数：351 千字　　　　　　2022 年 8 月河北第 1 次印刷

定价：49.80 元

读者服务热线：(010)81055256　印装质量热线：(010)81055316
反盗版热线：(010)81055315
广告经营许可证：京东市监广登字 20170147 号

前　言
PREFACE

　　根据现代教育教学的需要，我们于2017年组织了一批优秀的具有丰富教学经验和实践经验的作者团队编写了本套"职业院校O2O新形态立体化系列规划教材"。

　　本套教材进入学校已有3年的时间，在这段时间里，我们很庆幸这套教材能够帮助教师授课，并得到广大教师的认可；同时我们更加庆幸，很多教师在使用教材的同时，给我们提出了宝贵的建议。为了让本套教材更好地服务于广大教师和学生，我们根据一线教师的建议，开始着手教材的改版工作，改版后的教材具有工具软件版本更新、练习更多和实用性更强等特点。在教学方法、教学内容、教学资源3个方面体现出自己的特色，更加适合现代教学的需要。

教学方法

　　本书采用"情景导入→任务目标→相关知识→任务实施→实训→课后练习→技巧提升"5段教学法，将职业场景、软件知识、行业知识有机整合，各个环节环环相扣，浑然一体。

- **情景导入**：本书以日常办公中的场景展开，以主人公的实习情景模式为例引入各项目的教学主题，让学生了解相关知识点在实际工作中的应用情况。书中设置的主人公如下。

　　米拉：职场新进人员，昵称小米。

　　洪钧威：人称老洪，米拉的顶头上司，职场的引入者。

- **任务目标**：对本项目中的任务提出明确的制作要求。
- **相关知识**：帮助学生梳理基本知识和技能，为后面实际操作打下基础。
- **任务实施**：通过操作并结合相关基础知识的讲解来完成任务的制作，讲解过程中穿插有"知识提示"小栏目。
- **实训**：结合课堂知识，以及实际工作的需要进行综合训练。因为训练注重学生的自我总结和学习，所以在项目实训中，只提供适当的操作思路及步骤提示供参考，要求学生独立完成操作，充分训练学生的动手能力。
- **课后练习**：结合本项目内容给出难度适中的练习题、上机操作题，使学生强化巩固所学知识。
- **技巧提升**：以本项目讲解的知识为主导，帮助有需要的学生深入学习相关的知识，达到融会贯通的目的。

教学内容

　　本书的教学目标是循序渐进地帮助学生掌握常用工具软件的使用方法，并能使用这些工具软件完成工作和学习上的各种任务。全书共10个项目，可分为以下几个方面的内容。

- **项目一～项目三**：主要讲解与操作系统密切相关的工具软件，包括磁盘管理工具、系统优化与维护工具、安全防护工具的使用方法等内容。

- **项目四：**主要讲解使用WinRAR压缩文件、使用百度网盘传输文件、使用格式工厂转换文件格式等内容。
- **项目五：**主要讲解使用腾讯文档编辑在线文档、使用Adobe Acrobat编辑PDF文档、使用网易有道词典即时翻译文档等内容。
- **项目六：**主要讲解使用QQ即时通信、使用微信即时通信、使用微博进行互动等内容。
- **项目七：**主要讲解使用钉钉办公、使用印象笔记办公、使用腾讯会议办公等内容。
- **项目八、项目九：**主要讲解图形图像、音/视频相关的工具软件操作内容，包括使用Snagit截取图片、使用美图秀秀美化图片、使用百度脑图制作思维导图、使用创客贴在线制作图片、使用GoldWave编辑音频、使用抖音短视频拍摄和制作短视频、使用爱剪辑剪辑视频等内容。
- **项目十：**主要讲解自媒体处理工具，如草料二维码、135编辑器、今日热榜、凡科互动等的使用。

注意：本书只有项目六的一部分和项目七的内容是手机端的应用，其他项目均为PC端的应用。

平台支撑

人民邮电出版社充分发挥在线教育方面的技术优势、内容优势、人才优势，潜心研究，为读者提供一种"纸质图书+在线课程"相配套，全方位学习常用工具软件的解决方案。读者可根据个人需求，利用图书和"微课云课堂"平台上的在线课程进行碎片化、移动化学习，以便快速全面地掌握常用工具软件的相关知识。

"微课云课堂"目前包含超50 000个微课视频，在资源展现上分为"微课云""云课堂"两种形式。"微课云"是该平台所有微课的集中展示区，读者可随需选择；"云课堂"是在现有微课云的基础上，为读者组建的推荐课程群，读者可以在"云课堂"中按推荐的课程进行系统化学习，或者将"微课云"中的内容自由组合，定制符合自己需求的课程。

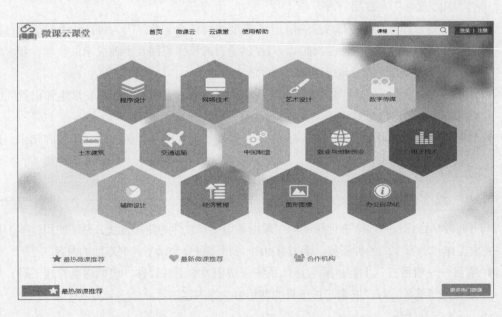

● "微课云课堂"的主要特点

微课资源海量，持续不断更新："微课云课堂"充分利用了人民邮电出版社在信息技术领域的优势，以出版社60多年的发展积累为基础，将资源经过分类、整理、加工以及微课化之后提供给用户。

资源精心分类，方便自主学习："微课云课堂"相当于一个庞大的微课视频资源库，按照门类进行一级和二级分类，以及难度等级分类，不同专业、不同层次的读者均可以在平台中搜索自己需要或者感兴趣的内容资源。

多终端自适应，碎片化移动化：绝大部分微课时长不超过10分钟，可以满足读者碎片化学习的需要；平台支持多终端自适应显示，除了在PC端使用外，读者还可以在移动端随心所欲地学习。

● "微课云课堂"使用方法

扫描封面上的二维码或者直接登录"微课云课堂"（www.ryweike.com）→用手机号码注册→在用户中心输入本书激活码（5df5f12e），将本书包含的微课资源添加到个人账户，获取永久在线观看本课程微课视频的权限。

此外，购买本书的读者还将获得一年期价值168元的VIP会员资格，可免费学习超50 000个微课视频。

教学资源

本书的教学资源包括以下内容。

● **素材与效果文件**：包含本书实例涉及的所有素材文件和效果文件。

● **模拟试题库**：包含丰富的关于工具软件的相关试题，包括选择题、填空题、判断题、简答题和上机题等多种题型，读者可自动组合出不同的试卷进行测试。

● **PPT课件和教学教案**：包括PPT课件和Word文档格式的教学教案，以便教师顺利开展教学工作。

特别提醒：上述教学资源可访问人民邮电出版社人邮教育社区（http://www.ryjiaoyu.com/）搜索书名下载。

本书涉及的所有案例、实训、讲解的重要知识点都提供了二维码，只需使用手机或平板电脑扫描，即可查看对应的操作演示以及知识点的讲解内容，方便灵活运用碎片时间即时学习。

编　者
2022年1月

目 录

CONTENTS

项目三　安全防护工具　36

项目四　文件管理工具　57

项目五　文档编辑工具　79

项目六 社交通信工具 100

项目七 智能移动办公工具 120

项目八　图形图像处理工具　144

项目九　音/视频编辑工具　169

项目十　自媒体处理工具　195

PART 1

项目一
磁盘管理工具

情景导入

米拉：老洪，我对我的计算机磁盘分区不满意，该怎么调整容量大小呢？

老洪：你可以使用DiskGenius重新分配磁盘分区的容量，它是一款专业磁盘管理软件。

米拉：我的计算机中有些文件不小心删除了，能重新找回来吗？

老洪：当然可以，你可以使用Recuva恢复被删除的文件。Recuva是一款经典的数据恢复软件，它不仅操作简单，而且文件恢复率较高。

米拉：听你这样说，我踏实多了，不用担心丢失的文件再也找不回来了，我要好好学习这两款软件。

学习目标

- 掌握使用DiskGenius调整分区容量的方法
- 掌握使用DiskGenius创建分区的方法
- 掌握使用Recuva恢复被删除文件的方法
- 掌握使用Recuva恢复被格式化磁盘中的文件的方法

技能目标

- 能使用DiskGenius进行磁盘的基本管理
- 能使用Recuva恢复被删除和丢失文件

素质目标

- 科学使用和维护计算机，树立职业道德观，培养实践操作能力

任务一　使用DiskGenius为磁盘分区

DiskGenius是一款高性能、高效率、在Windows环境下运行的磁盘分区和管理软件，使用该软件可以对磁盘进行新建分区、重新分区、格式化分区和调整分区大小等操作。

一、任务目标

使用DiskGenius优化磁盘，提高应用程序和系统运行速度，并且在不损失磁盘数据的情况下调整分区大小，对磁盘进行分区管理。本任务主要练习创建分区、调整分区容量、无损分割分区的操作。通过本任务的学习，用户可掌握使用DiskGenius为磁盘分区的基本操作。

二、相关知识

启动DiskGenius，进入DiskGenius操作主界面，如图1-1所示，该界面由标题栏、菜单栏、工具栏和驱动器显示窗口组成。

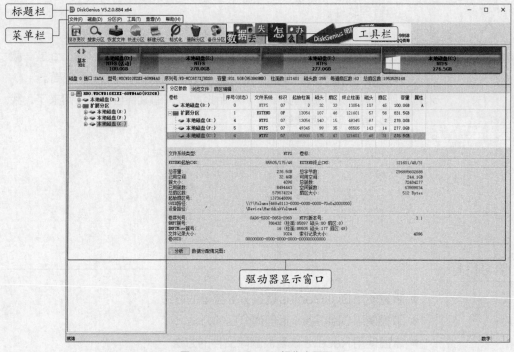

图1-1　DiskGenius操作主界面

在进行磁盘分区管理的操作前，需先了解磁盘和分区的相关知识。

● 磁盘属于存储器，由金属磁片制成，因为磁片有记忆功能，所以存储到磁片上的数据，不论是开机还是关机，都不会丢失。

● 硬盘分区有3种，包括主分区、扩展分区和逻辑分区。一个硬盘可以有一个主分区和一个扩展分区，也可以只有一个主分区而没有扩展分区，逻辑分区可以有若干个。主分区是硬盘的启动分区，它是独立的，也是硬盘的第一个分区。分出主分区后，通常将剩下的部分全部分成扩展分区，但扩展分区是不能直接使用的，它要以逻辑分区的方式来使用，因此扩展分区可分成若干逻辑分区。它们的关系是包含与被包含的关系，每个逻辑分区都是扩展分区的一部分。

降低磁盘分区软件的使用频率

磁盘分区软件应尽量少用，因为对磁盘分区有一定的风险，一旦在使用时遇到断电的情况，可能会造成数据丢失或磁盘损坏。

三、任务实施

（一）调整分区容量

使用DiskGenius调整分区容量是指增大或缩小分区的容量，但磁盘的总容量不会发生改变，因此指定的另一个分区容量会相应地缩小或扩大。在下面的实例中，磁盘已经安装了操作系统，这里将本地磁盘E盘缩小为80GB，具体操作如下。

微课视频

调整分区容量

（1）启动DiskGenius，选择"本地磁盘（E:）"选项，选择【分区】/【调整分区大小】菜单命令，如图1-2所示。

（2）打开"调整分区容量"对话框，在"调整后容量"数值框中输入"80.00GB"，单击 开始 按钮，如图1-3所示。

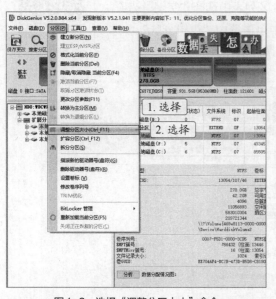

图1-2　选择"调整分区大小"命令

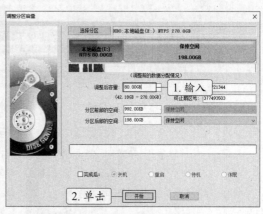

图1-3　设置分区容量

（3）在打开的"DiskGenius"提示对话框中单击 是(Y) 按钮，如图1-4所示。

（4）打开"重新启动"提示对话框，单击选中"完成后"复选框和"重启Windows"单选项，单击 确定 按钮，如图1-5所示。

（5）在打开的"DiskGenius"提示对话框中单击 确定 按钮，如图1-6所示，计算机将调整分区容量，并显示调整进度条，完成后计算机将自动重启，完成调整分区容量的操作。

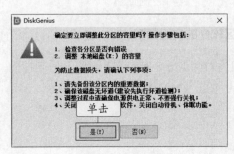

图1-4 确认操作　　　　　　　　　图1-5 打开"重新启动"提示对话框

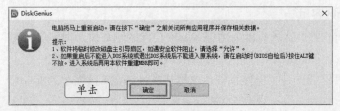

图1-6 确认操作

（二）创建分区

使用DiskGenius软件可以方便地在现有磁盘分区的基础上再新建一个分区，下面将空闲容量创建为新的分区，具体操作如下。

（1）启动DiskGenius，在操作界面左侧的分区列表中选择"空闲"选项，单击"新建分区"按钮，在打开的对话框中单击选中"逻辑分区"单选项，其他设置保持默认，单击　确定　按钮，如图1-7所示。

微课视频

创建分区

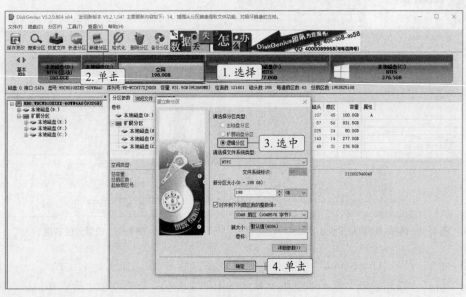

图1-7 建立逻辑分区

（2）完成分区后，选择【磁盘】/【保存分区表】菜单命令，如图1-8所示。

（3）在打开的"DiskGenius"提示对话框中单击 是(Y) 按钮确认保存分区表，如图1-9所示。

图1-8 保存分区表

图1-9 确认操作

（4）再在打开的"DiskGenius"提示对话框中单击 确定 按钮确认继续保存分区，如图1-10所示。

（5）单击"格式化"按钮∅，在打开的"格式化分区（卷）本地磁盘（G:）"对话框中单击 格式化 按钮，将分区后的磁盘空间按指定的文件系统格式划分存储单元，即用于文件管理的磁盘空间，如图1-11所示，再在打开的提示对话框中单击 是(Y) 按钮。

图1-10 确认操作

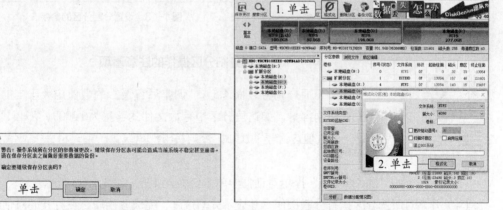

图1-11 格式化分区

操作提示

重启使设置生效

在某些情况下，执行完任务后，软件会自动重启计算机，并在重新进入系统之前执行所有操作。但这里的操作需要用户手动重启计算机，以使设置生效。

（三）无损分割分区

微课视频

无损分割分区

使用DiskGenius还可以将一个含有数据的分区分割为两个分区，并且可以自定义每个分区中保存的数据，但是无损分割分区仍然有一定风险，建议先备份资料再分割分区。下面利用DiskGenius进行无损分割分区，具体操作如下。

（1）启动DiskGenius，在操作界面左侧的分区列表中选择本地磁盘（G:），然后选择【分区】/【调整分区大小】菜单命令，如图1-12所示。

（2）打开"调整分区容量"对话框，在"调整后容量"数值框中输入"100.00GB"，然后单击"本地磁盘（G:）"按钮，激活"分区后部的空间"右侧的下拉列表框，选择"建立新分区"选项，单击 开始 按钮，如图1-13所示。

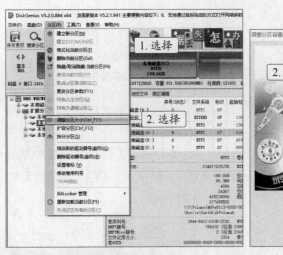

图1-12 选择"调整分区大小"命令　　　　图1-13 设置分割分区的参数

无损分割分区操作的注意事项

在进行无损分割分区操作时，"调整后容量"的数值应大于当前分区中存放文件的容量，如这里分区中存放文件的容量为100GB，那么"调整后容量"的数值应大于101GB，否则将出现错误，严重时将丢失文件。

（3）在打开的"DiskGenius"提示对话框中单击 是(Y) 按钮，如图1-14所示。

（4）开始对所选分区执行分割操作，并显示分割进度，完成分割后，在打开的对话框中单击 完成 按钮，如图1-15所示。

删除分区重新分配

如果对分区容量分配结果不满意，可单击"删除分区"按钮💾删除分区，将其转换为空闲容量，然后创建新的分区，重新配置分区的容量大小。

图1-14 确认操作

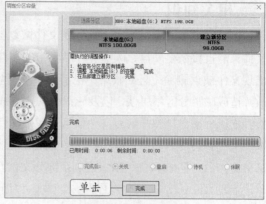

图1-15 分割进度

（5）返回DiskGenius操作界面，可查看分割分区后的效果，如图1-16所示。

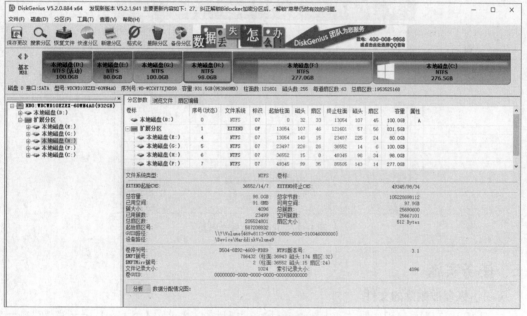

图1-16 分区效果

任务二 使用Recuva恢复磁盘数据

Recuva是一款功能非常强大的磁盘数据恢复软件，具有恢复删除和丢失的文件、修复Office损坏文件等功能，可帮助用户恢复由于误操作删除，或因格式化磁盘丢失的数据，还可修复Word、Excel和PowerPoint损坏文件。

一、任务目标

使用Recuva恢复磁盘中的数据，主要练习恢复删除数据或丢失文件，以及修复Office文件等常用操作。通过本任务的学习，用户可掌握使用Recuva恢复磁盘数据的操作方法。

二、相关知识

Recuva是Windows平台下的免费文件恢复工具，可以用来恢复那些被误删除的任意格式的文件，能直接恢复硬盘、闪盘、存储卡中的文件，当然前提是磁盘没有被重复写入数据。即便出现文件被误删除（且回收站中已清除）、磁盘分区被病毒侵蚀造成文件信息全部丢失、物理故障造成磁盘分区不可读，以及磁盘格式化造成的全部文件信息丢失等情况，Recuva也能够直接扫描目标磁盘抽取并恢复文件信息，包括文件名、文件类型、原始位置、创建日期、删除日期、文件长度等，用户可以根据这些信息方便地查找和恢复需要的文件。甚至数据文件已经被部分覆盖后，Recuva仍可以恢复剩余部分文件。

启动Recuva，进入操作界面，如图1-17所示。Recuva可供恢复的数据类型包括图片、音乐、文档、视频、压缩包、电子邮件等，用户可以按照需要自主选择。

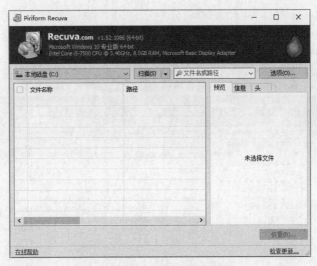

图1-17　Recuva操作界面

三、任务实施

（一）恢复被删除的文件

在使用计算机的过程中，许多用户会直接单击鼠标右键或按【Delete】键删除文件，被删除的文件会暂时保存在回收站，以避免误删除造成文件丢失，但有的用户会按【Shift+Delete】组合键删除文件，这样文件会不经回收站直接被删除，也就无法再通过回收站恢复。此时可使用Recuva进行恢复，具体操作如下。

微课视频

恢复被删除的文件

（1）启动Recuva，如果用户是第一次启动该软件，则会启动Recuva向导界面，如图1-18所示，单击 取消 按钮即可返回Recuva操作界面。

（2）首先选择被删除文件的存放位置，此处在"路径"下拉列表中选择"本地磁盘（G:）"选项，然后单击 扫描(S) ▾ 按钮，如图1-19所示。

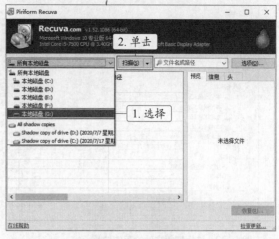

图1-18　Recuva向导界面　　　　　　　　图1-19　开始扫描

（3）Recuva开始扫描该磁盘中被删除的文件，扫描结果如图1-20所示。

（4）在扫描结果中找到当初删除的文件，单击选中想要恢复文件前的复选框，然后单击右下方的 恢复(R)... 按钮，开始恢复文件，如图1-21所示。

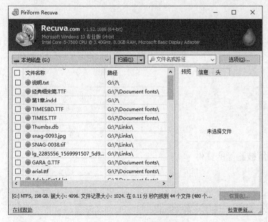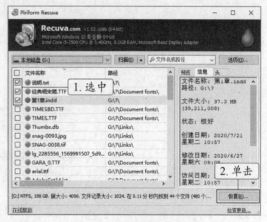

图1-20　扫描结果　　　　　　　　　图1-21　选择要恢复的文件

（5）在打开的"浏览文件夹"对话框中选择恢复文件的存放位置，此处选择"本地磁盘（G:）"选项，然后单击 确定 按钮，如图1-22所示。

（6）成功恢复后会打开"操作完成"提示对话框，单击 确定 按钮即可，如图1-23所示。在设置的保存位置可以看到被恢复的文件，如图1-24所示。

扫描结果说明

　　在扫描结果中，文件名称前会存在3种状态，绿灯为"良好状态"，说明该文件还没有被覆盖，恢复的成功率比较大；黄灯为不理想状态，表明该删除文件可能已经被覆盖，恢复几率不大；红灯则为最差状态，表明文件恢复基本无望。

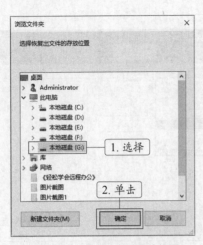

图1-22 选择恢复文件的存放位置

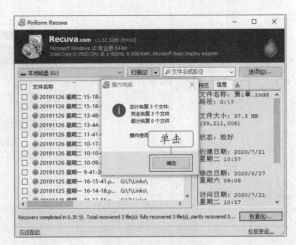

图1-23 操作完成

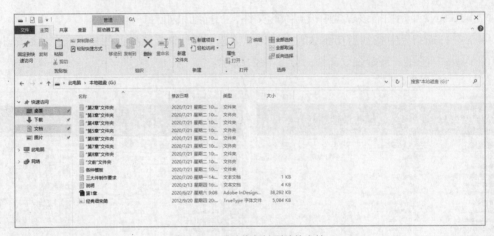

图1-24 成功恢复被删除的文件

文件恢复操作的注意事项

　　在扫描出已被删除的文件后，因为有的文件不一定会以用户当初删除时的文件名出现，所以有时候可能要花时间辨认。通常情况下，通过回收站删除的文件，其文件名会变得和之前不同，而利用【Shift+Delete】组合键直接删除的文件，会保留之前的文件名。

（二）恢复被格式化磁盘中的图片

　　除了被误删的文件，Recuva还可以恢复被格式化磁盘中的文件，下面恢复被格式化磁盘中的图片，具体操作如下。

　　（1）启动Recuva，选择被格式化的磁盘，此处选择"本地磁盘（G:）"选项，然后单击 扫描(S) 按钮，开始扫描，如图1-25所示。

　　（2）扫描完成后，选择"文件名或路径"下拉列表的"图片"选项，然

微课视频

恢复被格式化
磁盘中的图片

后单击"扫描"按钮，显示扫描到的图片；如图1-26所示。

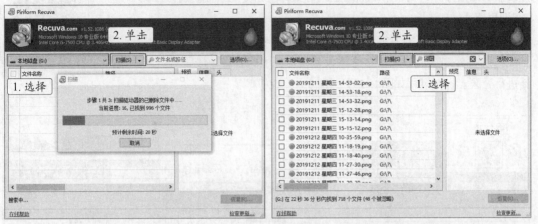

图1-25　开始扫描　　　　　　　　　　　　图1-26　扫描结果

（3）找到需要恢复的图片，单击选中图片前的复选框，然后单击右下方的 恢复(R)... 按钮，开始恢复图片，如图1-27所示。

（4）在打开的"浏览文件夹"对话框中选择恢复文件的存放位置，此处选择桌面的"格式化的图片"文件夹，然后单击 确定 按钮，如图1-28所示。

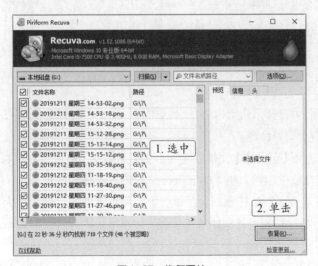

图1-27　恢复图片

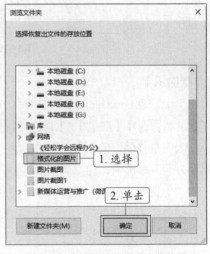

图1-28　选择恢复文件的存放位置

（5）成功恢复后会打开"操作已完成"提示对话框，单击 确定 按钮即可。

实训一　重新划分磁盘分区

【实训要求】

　　为了保障计算机正常运转，通常系统盘安装操作系统后需要留有足够的剩余空间，而其他磁盘分区由于保存的文件不同，空间大小也会有所不同，如用于存放工作资料的分区可分配更多的空间，用于存放娱乐文件的分区可以少分配一些空间。本实训将重新划分硬盘的磁盘分区，增大系统盘的空间容量，重新分配其他磁盘分区的容量。

微课视频

重新划分磁盘分区

【实训思路】

本实训可运用前面所学的使用DiskGenius为磁盘分区的知识来操作。先删除系统盘外的其他分区，然后增大系统盘分区的容量，最后对空闲容量重新进行分区。操作过程如图1-29所示。

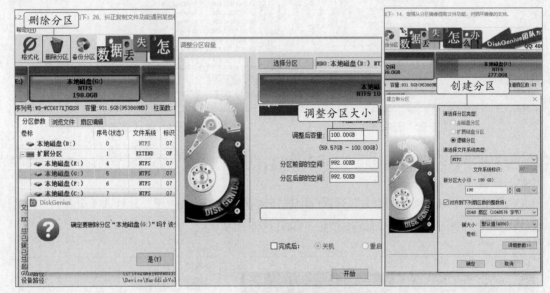

图1-29　重新划分磁盘分区操作思路

【步骤提示】

（1）启动DiskGenius，在其操作界面中选择系统盘以外的分区磁盘，单击"删除分区"按钮，然后选择【磁盘】/【保存分区表】菜单命令。

（2）选择要调整分区大小的磁盘，选择【分区】/【调整分区大小】菜单命令，单击选中"主磁盘分区"单选项，在"调整后容量"数值框中输入更大的容量，然后单击 开始 按钮。

（3）选择"空闲"磁盘，单击"新建分区"按钮 新建逻辑分区，根据需要划分磁盘的大小，完成后单击"保存更改"按钮，在打开的对话框中单击 是(Y) 按钮格式化分区，最后重启计算机使设置生效。

实训二　恢复F盘中被删除的Excel表格

【实训要求】

使用Recuva恢复F盘中被删除的文件，进一步熟悉使用Recuva恢复被删除文件的操作方法。

【实训思路】

本实训将运用前面所学的使用Recuva恢复磁盘数据的知识进行操作。启动Recuva后，先扫描目标磁盘和文件，然后选择需要恢复的Excel表格，

微课视频

恢复F盘中被删除的Excel表格

再选择另外的磁盘作为存放被恢复的Excel表格的位置，操作过程如图1-30所示。通过该思路，还可以尝试使用该软件来恢复磁盘中被删除的其他类型的文件。

图1-30 恢复F盘中被删除的Excel表格操作思路

【步骤提示】

（1）启动Recuva，选择要恢复的Excel表格所在的F盘，在"文件名或路径"栏中输入"*.xls | *.xlsx"，然后单击 扫描(S) ▼ 按钮扫描文件。

（2）在扫描结果中单击选中要恢复的Excel表格前的复选框，单击 恢复(R)... 按钮。

（3）在打开的"浏览文件夹"对话框中设置恢复的Excel表格的保存位置，然后单击 确定 按钮，开始恢复文件。

（4）操作成功，在设置好的保存位置即可查看恢复的Excel表格。

课后练习

练习1：磁盘分区

安装DiskGenius，启动该软件后，查看当前计算机上各磁盘的分区，然后练习调整分区容量和分割分区等操作。

练习2：恢复彻底删除的文件

尝试使用Recuva软件恢复计算机中被彻底删除的文件。

技巧提升

1. 其他磁盘分区管理软件

除了DiskGenius外，DM（Disk Manager）、Fdisk和PartitionMagic等都是磁盘分区管理软件，其功能包括格式化分区、新建分区、调整分区大小等。

2. 其他数据恢复软件

Recuva是一款操作简单的数据恢复软件，与之同类型的软件还有RecoverNT、EasyRecovery

和迅捷数据恢复软件等，它们都具有恢复被破坏的磁盘中丢失的引导记录、BIOS参数数据块、分区表、FAT表以及引导区等功能，使用和操作方法相似。

3. DiskGenius其他常用的管理磁盘操作

除了前面介绍的内容外，DiskGenius还有以下两种管理磁盘操作。

- **备份分区**：用DiskGenius提供的"备份分区"功能可以对当前磁盘中的重要分区进行备份，包括"全部复制""按结构复制""按文件复制"3种备份方式，以满足不同的需求。备份分区的操作方法为：选择需要备份的分区，然后选择【工具】/【备份分区到镜像文件】菜单命令，打开"将分区（卷）备份到镜像文件"对话框，单击 备份选项 按钮，在打开的对话框中选择备份方式。

- **隐藏分区**：为了工作和生活需要，有时可能要在磁盘中隐藏一些私密数据，利用DiskGenius的"隐藏分区"功能可轻松实现。其操作方法为：选择需隐藏的分区，然后选择【分区】/【隐藏/取消隐藏 当前分区】菜单命令，在打开的对话框中单击 确定 按钮，即可将选择的分区立即隐藏。若要读取隐藏数据，只需在操作界面再次执行【分区】/【隐藏/取消隐藏 当前分区】菜单命令显示隐藏的分区。

4. 使用DiskGenius恢复文件

使用DiskGenius也可以恢复计算机中被删除的文件，其操作方法与使用Recuva相似。启动软件后，在操作界面左侧的分区列表中选择要恢复数据的分区，然后单击"恢复文件"按钮 🔧，打开"恢复文件－本地磁盘（G:）"对话框，在"恢复选项"栏中可设置恢复方式，单击选中"恢复已删除的文件"复选框，仅恢复已删除的文件，单击选中"完整恢复"复选框，则恢复所有数据，单击 选择文件类型 按钮，在打开的对话框中可设置恢复文件的文件类型，如图1-31所示。单击 开始 按钮开始扫描被删除的文件，扫描完成后，在下方列表框的"浏览文件"选项卡中显示被删除的文件或文件夹，在需要恢复的文件上单击鼠标右键，在弹出的快捷菜单中分别选择"复制到指定文件夹""复制到'桌面'""复制到'我的文档'"命令，可分别将文件复制到指定文件夹、桌面和我的文档中。

图1-31　使用DiskGenius恢复文件

图1-31 使用DiskGenius恢复文件（续）

PART 2

项目二
系统优化与维护工具

老洪：米拉，你的计算机是不是运行越来越慢了？

米拉：是呀，我一直在想办法解决，却束手无策。

老洪：你可以使用Windows 10优化大师对系统性能进行优化。另外，还可以使用鲁大师对系统硬件进行检测维护，使计算机稳定高效运行。

米拉：那有没有什么工具可以对系统进行备份呢？

老洪：这个简单，推荐你使用一键Ghost备份和还原系统，这款软件已经久经沙场了，系统备份和还原非常高效。

米拉：这样呀，那么只要认真学习相关知识，计算机系统再出现问题，我就不用发愁了！

学习目标

- 掌握使用Windows 10优化大师优化系统的各类操作方法
- 掌握使用鲁大师检测计算机硬件、测试性能、清理优化等操作
- 掌握使用一键Ghost备份和恢复系统的操作方法

技能目标

- 能使用Windows 10优化大师提升系统性能
- 能使用鲁大师检测系统硬件
- 能使用一键Ghost备份和恢复操作系统

素质目标

- 具备在实际工作中解决问题的能力，增强自信心，学以致用

任务一　使用Windows 10优化大师优化系统

Windows 10优化大师是一款功能强大的系统优化软件，它提供了全面且有效、简便安全的软件管理、缓存清理等功能。

一、任务目标

使用Windows 10优化大师对系统进行优化，减小系统冗余，主要涉及设置向导、清理应用缓存等操作。通过本任务的学习，用户可以掌握Windows 10优化大师的基本操作。

二、相关知识

使用Windows 10优化大师，用户能够了解自己的计算机、简化操作系统的设置步骤、提升计算机的运行效率、清理系统运行时产生的垃圾、维护系统正常运转。Windows 10优化大师的操作界面如图2-1所示。

图2-1　Windows 10优化大师操作界面

三、任务实施

（一）设置向导

安装好Windows 10优化大师后，就可以使用优化大师对系统进行优化了。初次使用Windows 10优化大师时，将自动打开"设置向导"对话框，用户可根据提示快速设置。具体操作如下。

（1）启动Windows 10优化大师，打开"设置向导"对话框，首先需要设置安全加固，单击"在文件资源管理器里面显示文件的扩展名"和"开启Windows用户账户控制系统（简称UAC）"后的 ● 按钮，然后单击 下一步 按钮，如图2-2所示。

（2）单击选中"网络优化"选项卡中的"浏览器主页"和"浏览器搜索引擎"下方的"保持原有"单选项，其他保持系统默认状态，然后单击 下一步 按钮，如图2-3所示。

微课视频

设置向导

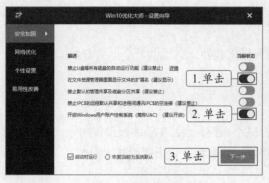

图2-2　设置安全加固

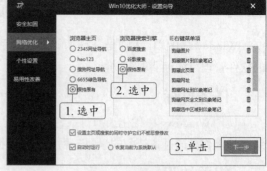

图2-3　设置网络优化

（3）单击"个性设置"选项卡中的"删除文件到回收站时打开确认提示框"和"使用文件资源管理器Ribbon界面"后的 ◯ 按钮，然后单击 下一步 按钮，如图2-4所示。

（4）保持"易用性改善"选项卡中的默认状态，然后单击 下一步 按钮。设置向导完成，取消选中"添加Win 10优化大师到任务栏""添加软媒IT之家到任务栏""添加hao123网址导航到浏览器收藏夹"复选框，然后单击 完成 按钮，如图2-5所示。

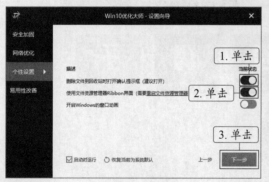

图2-4　个性设置

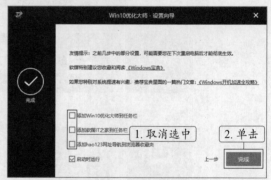

图2-5　设置完成

软件设置操作的提示

在设置向导时，应根据系统建议的说明进行设置，或者保持默认设置。如果任意更改软件设置，可能导致系统某些特殊功能无法实现。

（二）清理应用缓存

Windows 10优化大师还可以清理应用产生的缓存，从而改善系统的总体性能，提高计算机系统的运行速度。下面使用Windows 10优化大师清理Windows Store应用缓存，具体操作如下。

（1）启动Windows 10优化大师，单击"Windows Store应用缓存清理"按钮，打开"Windows Store应用缓存清理"对话框，在应用商店列表框中单击

微课视频

清理应用缓存

选中需清理的应用前的复选框,单击 扫描 按钮,如图2-6所示。

（2）稍等片刻后扫描完成,若有缓存垃圾,则单击"清理"按钮 清理 进行清理,清理完成后单击✕按钮退出;若没有,则直接单击✕按钮退出,如图2-7所示。

图2-6 扫描应用

图2-7 清理结果

任务二 使用鲁大师检测与维护系统

鲁大师是一款专注硬件防护和计算机安全维护的软件,能轻松辨别硬件真伪,保护计算机稳定运行,清查病毒隐患,优化清理系统,提升计算机运行速度。

一、任务目标

利用鲁大师进行硬件检测、温度管理、性能检测和清理优化。通过本任务的学习,用户可以掌握使用鲁大师检测与维护系统的操作方法。

二、相关知识

鲁大师原名"Z武器",是新一代的系统工具,其于2008年下半年推出,是一款针对计算机硬件优化的免费软件。鲁大师具有专业且易用的硬件检测、各类硬件（如CPU、显卡等）温度实时监测等实用功能,能帮助用户轻松辨别计算机硬件真伪,保障计算机稳定运行,提升计算机运行速度,其在推出后的短短一年多时间里,迅速发展成为拥有几千万用户的热门软件。鲁大师的操作界面如图2-8所示。

鲁大师的主要功能如下。

● **硬件检测**：鲁大师可以检测计算机的硬件情况,包括计算机生产厂商（品牌机）、操作系统、处理器型号、主板型号、芯片组、内存品牌及容量、主硬盘品牌及型号、显卡品牌及显存容量、显示器品牌及尺寸、声卡型号、网卡型号等。

● **温度管理**：温度管理是鲁大师比较擅长的功能,在"温度管理"选项卡中,鲁大师会显示计算机各类硬件温度的变化曲线图表,包括CPU温度、显卡温度、主硬盘温度、主板温度、内存使用等。

● **性能测试**：鲁大师可以对处理器、显卡、内存和磁盘的性能进行测试,帮助用户评估计算机的性能,测试完毕还会输出测试结果和建议。

● **清理优化**：鲁大师可以一键清理硬件及系统运行产生的垃圾，还可以智能分辨系统运行产生的垃圾痕迹，为计算机提供非常好的优化方案，确保计算机高效运行。

图2-8　鲁大师操作界面

三、任务实施

（一）对计算机硬件进行体检

利用鲁大师对计算机硬件进行体检，实质是全面扫描计算机，让用户清晰了解计算机硬件的使用情况，具体操作如下。

（1）启动鲁大师，打开鲁大师的操作界面，此时窗口中间提示对计算机硬件进行体检，单击 硬件体检 按钮。

（2）鲁大师自动扫描计算机，同时在窗口中显示进度并动态显示检测结果，扫描完成后，单击 一键修复 按钮，如图2-9所示。

微课视频

对计算机硬件
进行体检

图2-9　开始体检

（3）鲁大师会自动修复计算机存在的问题，修复完会提示修复完成，如图2-10所示。若有些计算机硬件问题需要用户手动解决，则窗口中会罗列具体的问题，单击 查看 按钮可在打开的界面中了解相关问题并进行处理，如图2-11所示。

图2-10 修复完成

图2-11 需用户手动解决的问题

（二）对计算机进行性能测试

鲁大师提供了性能测试功能，使用该功能可以评估计算机性能，具体操作如下。

（1）启动鲁大师，单击"性能测试"选项卡，再单击 开始评测 按钮，如图2-12所示。

微课视频

对计算机进行
性能测试

（2）鲁大师会依次对计算机的处理器、显卡、内存、磁盘进行评测，界面下方会显示当前评测进度，如图2-13所示。

图2-12 开始评测

图2-13 评测进度

（3）稍等片刻后完成评测，显示评测结果，在其中可以看到计算机综合性能得分和鲁大师对计算机的使用评测简述，以及该得分击败了全国多少用户，如图2-14所示。

知识补充

鲁大师性能测试分数

对计算机进行性能评测后，鲁大师会显示评测分数，一般来说，30 000~40 000分属于普通水平；40 000~60 000分属于中等水平；60 000~80 000分属于高等水平；80 000分以上属于优秀水平。

图2-14　评测结果

查看综合性能排行榜

　　评测分数出来以后，如果想和性能更好的计算机比较，可以单击"综合性能排行榜"选项卡，在其中查看自己计算机的评测分数在全国用户计算机评测分数中的排名情况。

（三）对计算机进行清理优化

　　鲁大师独创了三大清理优化项，可以一键清理优化系统，全面提升计算机性能，具体操作如下。

　　（1）启动鲁大师，单击"清理优化"选项卡，再单击 按钮，软件开始扫描计算机中的垃圾、驱动残留、注册表中的多余项目等，界面下方会动态显示扫描进度，如图2-15所示。

微课视频

对计算机进行清理优化

图2-15　开始清理

（2）扫描完成，鲁大师会自动选择删除对系统或文件没有影响的项目。此时，单击项目下方的 查看详情 超链接，可自定义清理，此处单击"独创硬件清理"项目下方的 查看详情 超链接，如图2-16所示。

图2-16　查看详情

（3）在打开的窗口中单击选中需清理项目前的复选框，然后单击 清理 按钮，如图2-17所示。

（4）关闭窗口，返回"清理优化"界面，单击 一键清理 按钮清理垃圾，完成后显示清理完成信息，如图2-18所示。

图2-17　自定义清理

图2-18　清理完成

温度管理

开启鲁大师后，软件即会对计算机进行温度监控，在界面中会显示计算机的CPU温度、CPU核心、CPU封装、硬盘温度、主板温度、风扇转速等情况，如图2-19所示。若计算机的温度过高，则用户可以单击"温度管理"选项卡，进入"节能降温"界面，然后单击选中"全面节能"或"智能降温"单选项，降低硬件温度，全面保护计算机的硬件。

图2-19　温度管理

任务三　使用一键Ghost备份和恢复系统

一键Ghost是一款能为用户提供系统升级、备份和恢复、PC移植等功能的PC端应用。一键Ghost能通过克隆硬盘帮助用户进行系统升级、备份和恢复等操作，避免用户计算机中的数据遗失或损毁。

一、任务目标

使用一键Ghost备份和恢复系统，其中主要涉及备份操作系统和恢复操作系统等操作。通过本任务的学习，用户可以掌握使用一键Ghost备份和恢复系统的基本操作，了解其基本原理。

二、相关知识

对于计算机小白来说，当计算机出现问题不知道如何解决时，想到的第一个解决方法就是重装系统。然而频繁地重装系统并不是什么好事，而且费时费力。其实，用户可以在计算机健康的时候做好备份，在系统发生问题时，进行系统恢复，就可以很好地解决问题。使用一键Ghost进行系统恢复操作前，需在系统未出现问题时对其进行备份。这相当于把正常的系统复制一份存放起来，当系统出现问题后，再使用一键Ghost将其恢复到正常状态。

图2-20所示为一键Ghost的操作界面，该软件的主要功能包括一键备份系统、一键恢复系统、中文向导、GHOST、DOS工具箱。在网上搜索一键Ghost并下载后，按照一般软件的安装方法即可安装。

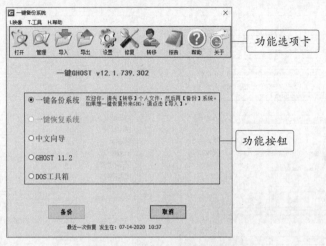

图2-20　一键Ghost的操作界面

三、任务实施

（一）转移个人文件

利用一键Ghost备份和恢复操作系统，首先需要转移个人文件，如果在备份前不转移文件，则可能会出现文件丢失的情况。下面介绍个人文件的转移操作，具体操作如下。

（1）启动一键Ghost，单击"转移"选项卡，对个人文件进行转移，如图2-21所示。

（2）打开"个人文件转移工具"对话框，选择保存文件的目标文件夹，然后单击 转移 按钮，如图2-22所示。

微课视频

转移个人文件

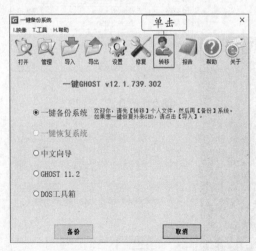

图2-21　单击"转移"选项卡

图2-22　开始转移

（3）打开提示对话框，确认用户是否转移，单击 ▇▇ 按钮确认转移文件，如图2-23所示。

（4）开始转移文件，此时不要进行任何操作，转移文件完毕，计算机会自动注销重启，如图2-24所示。

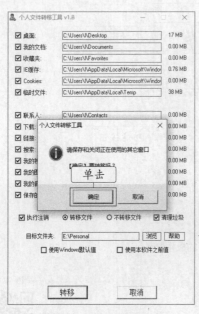

图2-23　确认转移文件

图2-24　等待转移

（5）重启计算机后，启动一键Ghost，再次单击"转移"选项卡，此时个人文件转移完毕，软件提示转移完成，如图2-25所示，单击 ▇▇ 按钮，然后退出"个人文件转移工具"对话框即可。

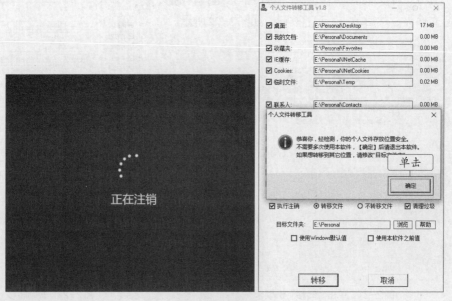

图2-25　转移完成

（二）备份操作系统

使用一键Ghost备份数据实际上是将整个磁盘中的数据复制到另外一个磁盘上，也可以将磁盘数据复制为一个磁盘的映像文件。在转移个人文件以后，就可以开始备份操作系统了。下面使用一键Ghost备份系统，具体操作如下。

微课视频

备份操作系统

（1）启动一键Ghost，在操作界面中单击选中"一键备份系统"单选项，然后单击 备份 按钮。

（2）在打开的提示对话框中单击 确定 按钮重启计算机，如图2-26所示。想要备份系统，用户的计算机需要重新启动，此时应当确保保存和关闭正在使用的其他软件，否则会有文件丢失的可能。

（3）计算机开始重启，重启后进入系统选项，进入"GRUB4DOS"引导界面，此时默认操作为"GHOST, DISKGEN, HDDREG, MHDD, DOS"，如图2-27所示，倒计时后进入下一项。如果用户实在想要手动设置，可以选择"Win7/Win8/Win10"。

图2-26 开始备份

图2-27 "GRUB4DOS"引导界面

（4）进入"Microsoft MS-DOS"引导界面，选择一键备份工具，此时默认操作为"1KEY GHOST 11.2"，如图2-28所示，倒计时后进入下一项。

（5）依然在"Microsoft MS-DOS"引导界面，选择驱动器类型（驱动器类型包括USB和硬盘，而硬盘类型又可分为纯SATA only类型和兼容型IDE/SATA），此时默认操作为"IDE/SATA"，如图2-29所示，倒计时后进入下一项。

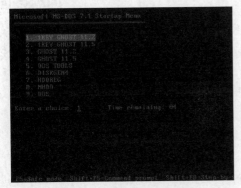

图2-28 选择一键备份工具

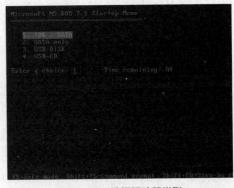

图2-29 选择驱动器类型

（6）在打开的提示对话框中按【B】键开始备份，如图2-30所示，此时也会有10秒的倒计时，过后即自动开始备份操作。

（7）打开"Symantec Ghost 11.0.2"界面，界面中会显示备份的进度，如图2-31所示，当界面中的系统备份进度条达到100%时，即表示备份系统成功。

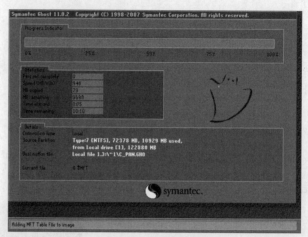

图2-30　确认备份　　　　　　　　　　　　图2-31　显示备份进度

（8）备份成功后，系统自动重启计算机，用户在系统磁盘里可以看到一键Ghost的备份文件GHO（软件镜像文件扩展名）文件，如图2-32所示。

图2-32　备份完成

（三）恢复操作系统

微课视频

恢复操作系统

如果遇到磁盘数据丢失或操作系统崩溃的情况，可使用一键Ghost恢复备份的数据，前提是已经提前给系统做好了备份。下面使用一键Ghost恢复前面备份的系统，具体操作如下。

（1）启动一键Ghost，在操作界面中单击选中"一键恢复系统"单选项，然后单击 恢复 按钮，如图2-33所示。

（2）在打开的提示对话框中单击 确定 按钮重启计算机，如图2-34所示。

（3）计算机开始重启，重启后进入系统选项，进入"GRUB4DOS"引导界面，选择第一项"GHOST, DISKGEN, HDDREG, MHDD, DOS"，如图2-35所示，然后按【Enter】键进入下一项。

（4）进入"Microsoft MS-DOS"引导界面，选择一键备份工具，这里选择第1项"1KEY GHOST11.2"，如图2-36所示，然后按【Enter】键进入下一项。

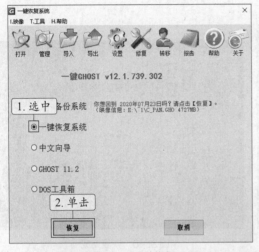

图2-33　开始恢复

图2-34　确定重启

图2-35　"GRUB4DOS"界面

图2-36　选择一键备份工具

（5）在界面中选择驱动器类型，这里选择第2项"SATA only"，如图2-37所示，然后按【Enter】键确认。

（6）在打开的提示对话框中按【K】键确认恢复系统，如图2-38所示。

图2-37　选择驱动器类型

图2-38　确认开始恢复

（7）系统自动开始恢复安装，界面中显示恢复进度，如图2-39所示，当界面中的进度条达到100%时，表示恢复系统成功。

（8）计算机重启，此时恢复系统完成，如图2-40所示。

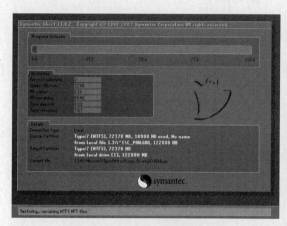

图2-39　显示恢复进度

图2-40　恢复完成

恢复系统操作提示

在使用一键Ghost恢复系统期间会多次自动重启计算机，用户请耐心等候无须担心。在恢复系统的过程中，用户最好不要进行其他操作，如关闭计算机等，这容易造成系统恢复失败、磁盘毁损，导致数据丢失。

一键Ghost的导入和导出功能

使用一键Ghost的导入功能，可以将外来的GHO文件复制或移动到"~1"文件夹中，一般用于免刻录安装系统。例如，将下载的通用GHO或同型号其他计算机的GHO文件复制到"~1"中（文件名必须改为C_PAN.GHO）。使用一键Ghost的导出功能，可以将GHO文件复制（或另存）到其他地方。例如，将本机的GHO文件复制到U盘等移动设备，在其他同型号计算机中导入，以达到共享的目的。

实训一　驱动检测与垃圾清理

【实训要求】

为了使计算机稳定高效运行，在长时间使用计算机系统的过程中需要对其进行维护，如更新驱动或清理垃圾，为防止意外情况，可对驱动进行备份。通过本实训，用户可以进一步练习使用鲁大师进行系统检测和维护的操作方法。

【实训思路】

本实训需运用前面所学的鲁大师的相关知识进行操作，使用鲁大师更新

微课视频

驱动检测与
垃圾清理

计算机系统的硬件驱动，然后对驱动进行备份，最后使用清理优化功能清理垃圾文件，操作过程如图2-41所示。

图2-41　驱动检测、备份与垃圾清理操作界面

【步骤提示】

（1）启动鲁大师，在操作界面单击"驱动检测"选项卡，对驱动进行检测。

（2）检测完成后，在"驱动检测"界面的"驱动安装"选项卡中单击需要升级的驱动后的 ▢升级 按钮。

（3）升级更新完成后，单击"驱动管理"选项卡，在"驱动备份"界面下单击未备份的硬件后的 ▢备份 按钮备份驱动。

（4）在鲁大师的操作界面单击"清理优化"选项卡，选择要清理的选项，单击 ▢一键清理 按钮清理垃圾。

实训二　备份与恢复计算机系统

【实训要求】

使用一键Ghost练习备份与恢复计算机系统。通过本实训的操作可以复习并巩固备份与恢复计算机系统的操作方法。

【实训思路】

本实训需利用一键Ghost备份与恢复计算机系统，在实际操作过程中需谨慎操作，先启动一键Ghost，然后转移个人文件，再设置文件备份位置。在选择备份文件的保存位置时，最好选择系统盘以外的磁盘，然后恢复系统，在恢复时，一定要选择正确的目标磁盘。

微课视频

备份与恢复
计算机系统

【步骤提示】

（1）启动一键Ghost，转移个人文件。

（2）单击选中"一键备份系统"单选项备份计算机系统。

（3）选择文件保存位置，然后开始备份。

（4）单击选中"一键恢复系统"单选项开始进行恢复操作。

课后练习

练习1：使用Windows 10优化大师清理应用缓存

应用缓存太多会使计算机运行速度变慢，甚至导致系统部分功能无法正常实现。练习在计算机中安装Windows 10优化大师，然后打开应用缓存清理界面，清理应用缓存。

练习2：备份驱动与计算机系统

首先安装鲁大师和一键Ghost，然后通过鲁大师备份硬件驱动，再利用一键Ghost对计算机系统进行备份。

技巧提升

1. 其他系统优化工具

除了前面介绍的Windows 10优化大师，日常使用的类似工具还有Advanced SystemCare Free和CCleaner。Advanced SystemCare Free提供了快速扫描、深度扫描、快速优化和常用工具4个主要功能的入口，能够满足用户日常的系统维护需要，另外，其还提供了10多款风格迥异的皮肤，可以满足不同用户群体的审美需求。CCleaner是一款强大的系统优化工具，能够扫描清理注册表垃圾，清理临时文件夹、历史记录、回收站等垃圾信息。

2. 其他系统维护工具

鲁大师主要用于系统硬件检测和温度管理，与之相似的常用工具软件还有驱动人生和驱动精灵等。

3. 其他系统备份与恢复软件

一键Ghost是使用比较广泛的一款系统恢复工具软件，目前，市面上还有一些类似软件，如一键系统还原精灵。在使用这类软件时，如果操作不当，就很容易出现问题，因此使用者需具备一定的计算机基础。

4. 使用Windows 10优化大师创建右键菜单快捷组

Windows 10优化大师是一款针对Windows 10系统研发的系统优化软件，其有很多常用的优化功能开关，包括缓存清理、软件管家等，通过该软件可以方便地优化计算机系统。该软件有一个创建桌面右键菜单的功能，用户可以根据需要创建右键菜单快捷组，具体操作如下。

（1）启动Windows 10优化大师，单击"主页"选项卡下的"右键菜单快捷组"按钮，进入"右键菜单快捷组"界面，在界面的左边可以看到菜单快捷组中已经添加的快捷功能选项，然后单击右下方的 生成菜单 按钮，如图2-42所示。

图2-42 "右键菜单快捷组"界面

（2）在打开的提示对话框中单击 确定 按钮，如图2-43所示。

（3）右键快捷菜单生成完毕，在桌面上单击鼠标右键即可查看，如图2-44所示。

图2-43 确定生成

图2-44 生成成功

5. 使用系统自带功能优化开机速度

Windows开机加载程序的多少会直接影响Windows的开机速度。通过系统自带工具可禁止软件自启动，具体操作如下。

（1）在任务栏上单击鼠标右键，在弹出的快捷菜单中选择"任务管理器"选项，打开"任务管理器"窗口，如图2-45所示。

（2）单击"启动"选项卡，显示启动列表，若想将某启动项取消，只需选中该项并单击右下角的 禁用(A) 按钮即可，如图2-46所示。

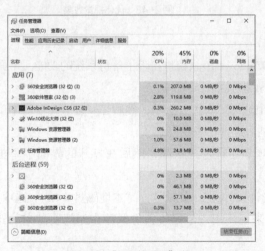

图2-45 "任务管理器"窗口

图2-46 禁止软件自启动

6. 使用系统自带功能优化视觉效果

Windows默认的视觉效果如透明按钮、显示缩略图和显示阴影等，都会耗费掉大量的系统资源。此时可以使用系统自带功能优化视觉效果，具体操作如下。

（1）在桌面上的"此电脑"图标 上单击鼠标右键，在弹出的快捷菜单中选择"属性"命令，打开"系统"窗口，在该窗口左侧的导航窗格中单击"高级系统设置"超链接。

（2）单击"系统属性"对话框中的"高级"选项卡，单击"性能"栏下的 设置(E)... 按钮，如图2-47所示。

（3）打开"性能选项"对话框，单击"视觉效果"选项卡，单击选中"调整为最佳性能"单选项，如图2-48所示，单击 确定 按钮完成设置。另外，如果单击选中"自定义"单选项，则可自定义视觉效果。

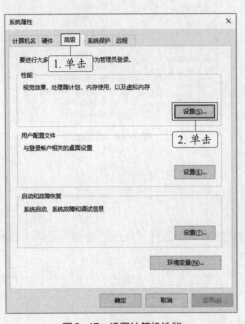

图2-47 设置计算机性能

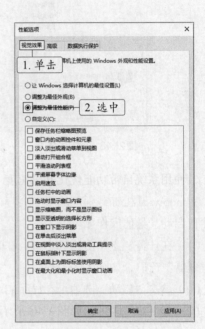

图2-48 优化视觉效果

7. 使用系统自带的功能备份系统

除了使用第三方的备份和恢复系统软件，Windows 10系统也自带了备份系统的功能。下面介绍使用系统自带的备份功能备份系统的具体操作方法。

（1）单击"开始"按钮 ，在打开的列表中选择"设置"选项，然后在"设置"窗口中单击"更新和安全"按钮 ，在打开的界面左侧列表选择"备份"选项。

（2）在"备份"界面的下方单击 转到"备份和还原"(Windows 7) 按钮，然后在打开的界面中单击 设置备份(S) 按钮启动备份功能。

（3）打开"设置备份"对话框，选择保存备份的位置，此处选择"本地磁盘（G:）"选项，然后单击 下一步(N) 按钮，如图2-49所示。一般来说，用户最好将备份保存在外部硬盘驱动器上。

（4）选择要备份的内容，此处单击选中"让Windows选择（推荐）"单选项，然后单击 下一步(N) 按钮，如图2-50所示。最后查看备份设置，确认无误后单击 保存设置并运行备份(S) 按钮即开始备份。备份完成后，会提示是否再创建一个备份光盘，单击 否(N) 按钮即可。另外，备份后，用户最好核对一下备份的核心文件。后缀名为".vhdx"的文件就是备份的核心文件。

图2-49 选择备份保存的位置

图2-50 选择要备份的内容

PART 3

项目三
安全防护工具

情景导入

米拉：老洪，计算机木马怎么查杀清理呢？

老洪：如果要查杀木马，我推荐360安全卫士，它功能非常全面，是一款
比较受欢迎的安全防护软件，不仅可以查杀木马，还具有其他辅助功
能，如清理、优化、修复等。

米拉：计算机感染了病毒，又该怎么办？

老洪：别着急，正所谓"魔高一尺，道高一丈"，可以使用杀毒工具对病毒
进行检测和查杀，同时可以开启安全防护。金山毒霸就是一款不错的
病毒查杀防护软件，推荐你使用。

米拉：这样我就找到新的学习目标了。

学习目标

- 掌握使用360安全卫士查杀木马病毒并进行安全防护的操作方法
- 掌握360安全卫士常用辅助功能的使用方法
- 掌握使用金山毒霸查杀病毒的操作方法

技能目标

- 能使用360安全卫士查杀木马病毒并设置防护
- 能使用360安全卫士修复系统、清理垃圾、优化加速
- 能使用金山毒霸查杀病毒

素质目标

- 提高网络安全意识，加强对计算机系统的安全管理，远离安全隐患

任务一　使用360安全卫士维护安全

360安全卫士是一款功能强大的安全维护软件。它拥有查杀木马、木马防火墙、计算机体检等多个强大功能，以及计算机清理、系统修复和优化加速等特定辅助功能。

一、任务目标

使用360安全卫士维护计算机系统安全，提高系统运行速度，主要练习对系统进行体检、修复系统漏洞、清理系统垃圾与痕迹，以及查杀木马等操作。通过本任务的学习，用户可以掌握使用360安全卫士维护系统安全的操作。

二、相关知识

360安全卫士是一款由奇虎360科技有限公司推出的上网安全软件，其使用方便、应用全面、功能强大，在国内拥有良好的口碑，图3-1所示为360安全卫士12正式版的操作界面。上方的功能选项卡清晰地呈现360安全卫士可实现的功能，右侧是360安全卫士特有的快捷按钮，单击对应的快捷按钮可进入相应的操作界面，中间位置是操作与信息显示区。

图3-1　360安全卫士操作界面

三、任务实施

（一）对计算机进行体检

利用360安全卫士对计算机进行体检，实际上是对其进行全面扫描，让用户了解计算机当前的使用状况，并提供安全维护方面的建议。具体操作如下。

（1）下载并安装360安全卫士，然后启动360安全卫士。

（2）打开360安全卫士的操作界面，此时窗口中间显示当前计算机的体检状态，单击 立即体检 按钮。

微课视频

对计算机进行体检

（3）系统自动对计算机进行扫描体检，同时在窗口中显示体检进度并动态显示检测结果，如图3-2所示。

图3-2 开始体检

（4）扫描完成后，单击 一键修复 按钮，如图3-3所示。

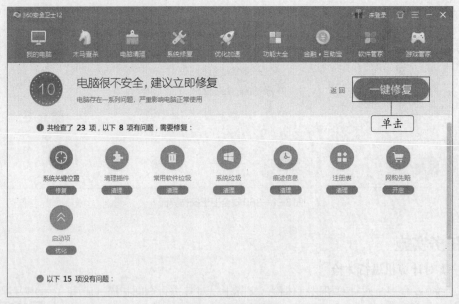

图3-3 一键修复

（5）360安全卫士会自动解决计算机中存在的问题，若有些问题的优化需要用户进一步确认，则360安全卫士会打开相应的对话框进行提示。如图3-4所示，单击选中"全选"复选框可选择所有选项，单击"忽略"超链接可忽略该选项，然后单击 确认优化 按钮。

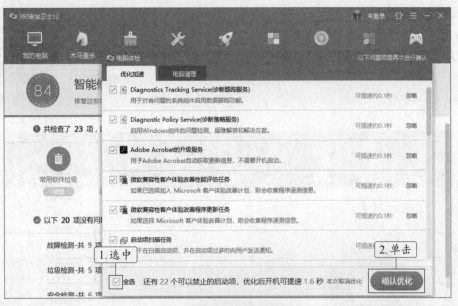

图3-4 需用户再次确认的问题

（6）修复完成后，打开图3-5所示的界面，显示修复信息，单击 完成 按钮即可。另外，有时还需要用户重启计算机才能使修复生效，用户在进行完其他操作后可手动重启。

图3-5 完成修复

知识补充

360安全卫士自动修复的内容

通常情况下，对计算机进行体检的目的是检查计算机是否存在漏洞、是否需要安装补丁和是否存在系统垃圾。体检完毕，单击界面下方的 查看体检报告 按钮，还可以查看本次体检的项目和扫描用时。需要说明的是，若只是提示软件更新和IE主页未锁定等信息，用户可不做特别处理，其对计算机运行并无影响。

（二）木马病毒查杀

微课视频

木马病毒查杀

360安全卫士提供了木马病毒查杀功能，使用该功能可对计算机进行扫描，查杀计算机中的木马文件，并实时保护计算机，具体操作如下。

（1）启动360安全卫士，单击"木马查杀"选项卡，再单击 快速查杀 按钮，如图3-6所示。

图3-6　开始查杀

更多查杀

除了常规的快速查杀模式，在界面右侧还可以选择全盘查杀模式和按位置查杀模式。单击"全盘查杀"按钮 ，360安全卫士会对整个计算机进行详细、全面的查杀；单击"按位置查杀"按钮 ，360安全卫士会对用户指定的某个位置进行扫描查杀。另外，单击 强力查杀 按钮，激活强力查杀功能，还可以查杀更加顽固的驱动木马病毒。

（2）以常规模式扫描计算机，界面中显示扫描进度条，并在进度条下方显示扫描项目，如图3-7所示。

图3-7　扫描进度

（3）扫描完成，窗口中罗列可能存在风险的项目，单击 一键处理 按钮，处理安全威胁，如图3-8所示。

图3-8　一键处理危险项

（4）处理完成，单击 完成 按钮即可，如图3-9所示。另外，在处理某些木马病毒时，还会打开提示对话框，单击 确定 按钮将重启桌面和浏览器，然后处理木马病毒和危险项，成功处理后，将打开提示对话框，提示处理成功。此时建议立刻重启计算机，单击 好的，立刻重启 按钮，重新启动计算机，再次打开360安全卫士对计算机查杀木马病毒，确保计算机安全。

图3-9　处理完成并查看查杀报告

自动处理木马病毒

　　在扫描界面的右下角单击选中"扫描完成后自动关机（自动清除木马）"复选框，360安全卫士将自动处理木马病毒和危险项，并在处理完成后自动关闭计算机。

（三）开启木马病毒防火墙

360安全卫士的木马病毒防火墙功能能够有效防止木马入侵，营造安全的计算机使用环境。开启木马病毒防火墙的具体操作如下。

（1）启动360安全卫士，单击360安全卫士操作界面右侧的 按钮，打开"安全防护中心"窗口，单击 进入防护 按钮，如图3-10所示。

图3-10　进入防护

（2）进入"安全防护中心"界面，单击"浏览器防护体系"选项卡，再单击"上网首页防护"栏的"设置"按钮◎，在打开的对话框中单击 一键锁定 按钮即可，如图3-11所示。

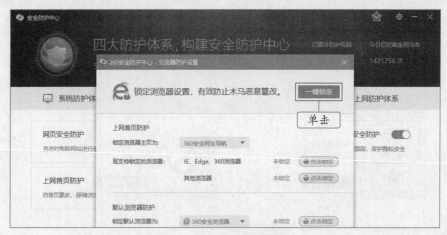

图3-11　开启上网首页防护

操作提示

浏览器防护和锁定

单击 一键锁定 按钮后，"默认浏览器防护"也会开启，其会锁定默认浏览器为360安全浏览器。另外，如果计算机系统使用的浏览器主页不是"360安全网址导航"，那么在使用360安全卫士这类安全防护软件时，需要解除之前锁定的主页。

（3）单击"入口防护体系"选项卡，再单击"局域网防护"选项的 按钮，打开提示对话框，建议局域网用户开启此功能（家庭用户不建议开启该功能），单击 确定 按钮确认开启，如图3-12所示。

图3-12　开启入口防护

（四）常用辅助功能

　　360安全卫士是一款功能较全面的防护工具软件，它集合了计算机清理、系统修复和优化加速等常用的辅助功能，帮助用户对计算机进行相应的系统管理维护。下面介绍360安全卫士常用的辅助功能。

1. 计算机清理

　　计算机中残留的无用文件、浏览网页时产生的垃圾文件，以及日常填写的网页搜索内容、注册表单等信息会给系统增加负担。使用360安全卫士可清理系统垃圾与痕迹，具体操作如下。

微课视频

计算机清理

　　（1）启动360安全卫士，单击"电脑清理"选项卡，在窗口中单击 全面清理 按钮，如图3-13所示。

图3-13　开始清理

（2）软件开始扫描计算机中的系统垃圾、不需要的插件、网络痕迹和注册表中多余的项目，并显示扫描结果，扫描完成后，软件将自动选择删除对系统或文件没有影响的项目，然后单击 一键清理 按钮，如图3-14所示。

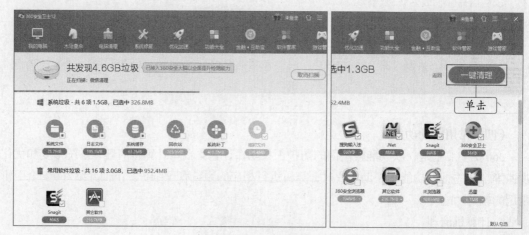

图3-14　一键清理

（3）软件开始清理，清理完成后单击 完成 按钮即可，如图3-15所示。另外，单击未选中项目下方的 详情 按钮，用户还可以自行清理360安全卫士没有选择清理的项目。

图3-15　清理完成

2. 系统修复

360安全卫士的系统修复功能主要用于修复漏洞，防止非法用户将病毒植入漏洞，从而窃取计算机中的重要资料，有的甚至会破坏系统，使计算机无法正常运行。使用360安全卫士修复系统的具体操作如下。

微课视频

系统修复

（1）启动360安全卫士，单击"系统修复"选项卡，单击 全面修复 按钮，软件开始扫描当前系统是否存在漏洞，如图3-16所示。

图3-16　开始扫描

（2）扫描完成，若系统存在漏洞，则单击 一键修复 按钮，软件自动修复漏洞。一般来说，因为修复系统的时间较长，所以可单击 后台修复 按钮，进入后台修复，便于用户进行其他操作，如图3-17所示。

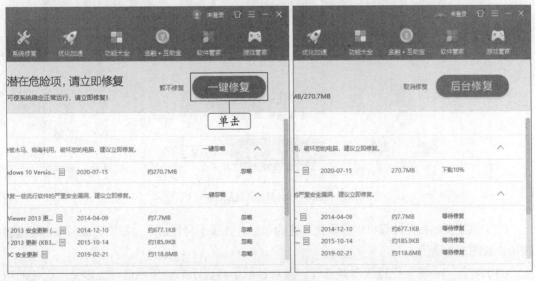

图3-17　一键修复

（3）修复完成后，界面将提示修复已完成，单击 返回 按钮即可，如图3-18所示。修复完成后，用户可再次扫描，以确定系统已经不存在漏洞。

图3-18　修复完成

选择漏洞修复选项

进入漏洞修复功能后，软件一般会自动扫描修复计算机存在的高危漏洞、软件更新、可选高危漏洞等项目。若扫描结果为"无高危漏洞"，则不会自动修复，此时可扫描结果中罗列的栏目进行自定义扫描，若存在漏洞，则需单击选中要修复项目前的复选框，然后单击 一键修复 按钮即可。

3. 优化加速

360安全卫士主要从"开机加速""软件加速""系统加速""网络加速""硬盘加速""Windows 10加速"等方面进行加速优化，具体操作如下。

微课视频

优化加速

（1）启动360安全卫士，单击"优化加速"选项卡，然后单击 全面加速 按钮，如图3-19所示。

图3-19　开始优化加速

（2）系统开始扫描计算机中可优化加速的项目，并显示具体信息，扫描完成后单击 立即优化 按钮，如图3-20所示。

（3）打开"一键优化提醒"对话框，该对话框中将显示需要用户自行决定是否优化的项目，此处单击选中"全选"复选框，选择所有选项，然后单击 确认优化 按钮进行优化，如图3-21所示。

图3-20 立即优化

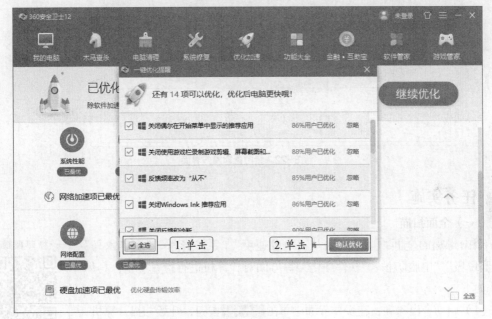

图3-21 确认优化

（4）优化加速完成，单击 完成 按钮即可。

任务二 使用金山毒霸查杀病毒

金山毒霸是一款为用户计算机减负并提供安全保护的云查杀杀毒软件，主要用于计算机病毒查杀和防护，且查杀过程非常智能化，通过一键式操作即可快速查杀病毒。

一、任务目标

利用金山毒霸查杀病毒，然后拦截软件弹窗，进行计算机优化。通过本任务的学习，用户可以掌握使用金山毒霸查杀病毒、维护系统安全的基本操作。

二、相关知识

金山毒霸是金山软件股份有限公司研发的高智能反病毒软件，也是国内少有的拥有自研核心技术、自研杀毒引擎的杀毒软件。金山毒霸融合了启发式搜索、代码分析、虚拟机查毒等技术，并拥有丰富的经验，其在查杀病毒种类、查杀病毒速度、未知病毒防治等多方面达到先进水平。另外，金山毒霸还具有病毒防火墙实时监控、压缩文件查毒、查杀电子邮件病毒等多项先进功能，可加固对用户计算机的保护。安装金山毒霸后，启动软件，其操作界面如图3-22所示。

图3-22　金山毒霸操作界面

三、任务实施

（一）全面扫描

金山毒霸的全面扫描功能会从"电脑速度""系统异常""病毒木马""电脑垃圾""电脑防护""软件净化"等方面对计算机进行检查鉴定，具体操作如下。

微课视频

全面扫描

（1）启动金山毒霸，在操作界面中单击 全面扫描 按钮，开始扫描计算机，窗口显示扫描进度并动态显示扫描结果，如图3-23所示。

图3-23　开始扫描

（2）扫描完成后，单击 [一键修复] 按钮对问题项进行修复，如图3-24所示。

图3-24　扫描完成

（3）修复完成后界面提示"修复完成"，并根据计算机系统当前的状态打出分数，单击 [回首页] 按钮即可，如图3-25所示。

图3-25　修复完成

（二）病毒查杀

网络应用是计算机系统的重要功能，而充斥于网络上的计算机病毒随时都可能给用户带来麻烦，可利用金山毒霸清除计算机中的病毒，具体操作如下。

（1）启动金山毒霸，在操作界面中单击"闪电查杀"按钮，进入"闪电查杀"操作界面，软件开始对系统进行扫描，如图3-26所示。

微课视频

病毒查杀

操作提示

更多查杀方式

单击金山毒霸操作界面中"闪电查杀"按钮右侧的"展开"按钮，可看到软件还提供了"全盘查杀"和"自定义查杀"两种查杀方式。其中"全盘查杀"将进行全面查杀，"自定义查杀"可以让用户自己设定查杀位置。

图3-26　开始扫描

（2）扫描完毕后，软件显示扫描结果，若计算机中存在病毒，则单击 立即处理 按钮可处理风险项目，如图3-27所示，处理完成后单击 按钮返回操作界面。

图3-27　查杀完成

（三）查杀设置

设置查杀病毒的内容可以减少一些查杀操作，使查杀过程更加便捷，根据实际需要有针对性地设置杀毒软件是非常有必要的，比如，上网频繁时，可以启用自动查杀等。查杀设置的具体操作如下。

（1）在操作界面右上角单击"菜单"按钮 ，在打开的下拉列表中选择"设置中心"选项，打开"设置中心"对话框，如图3-28所示。

（2）设置"基本设置"选项卡下的项目，包括"基本选项""提醒设置""升级设置""右键菜单设置""其他设置"，如单击选中"开机时自动运行金山毒霸"复选框，则开机时会自动启动金山毒霸。

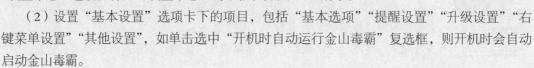

微课视频

查杀设置

图3-28 打开"设置中心"对话框

（3）单击"安全保护"选项卡，选择"病毒查杀"选项，在"发现病毒时的处理方式"栏中单击选中"自动处理"单选项，软件扫描到病毒时会自动处理，如图3-29所示。

（4）使用相似方法设置其他选项卡中的相关项目，此处单击"上网保护"选项卡，在"下载文件提醒方式"栏中单击选中"仅在扫描结果为危险时弹出"单选项，如图3-30所示。

图3-29 病毒处理方式设置

图3-30 下载保护设置

默认查杀设置

如果用户自定义了查杀方式，则在"设置中心"对话框中单击左下角的"恢复默认"按钮，可将查杀方式恢复为默认设置。

（四）拦截软件弹窗

金山毒霸除了查杀病毒之外，还能有效拦截各种软件弹窗，给用户安全、干净、清爽的上网环境。使用金山毒霸拦截软件弹窗的具体操作如下。

（1）启动金山毒霸，在操作界面中单击"弹窗拦截"按钮，打开"弹窗拦截"窗口。

微课视频

拦截软件弹窗

（2）在窗口中单击 扫描 按钮，软件开始扫描计算机中已安装的软件，界面会显示扫描进度，并在进度条下方显示扫描的软件，如图3-31所示。

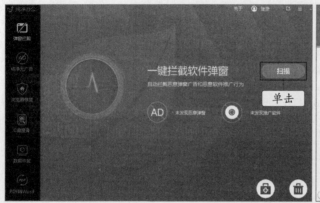

图3-31　开始扫描

（3）扫描完成，窗口中显示有弹窗或推广行为的软件，单击选中需要拦截的软件对应的复选框，然后单击 一键拦截 按钮，如图3-32所示。

（4）拦截完成，出现图3-33所示的界面，显示拦截情况，然后关闭窗口即可。

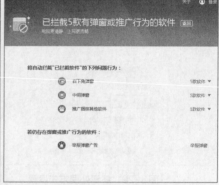

图3-32　进行拦截　　　　　　　　　　　　图3-33　拦截完成

操作提示

自定义拦截

单击扫描出的软件下方的 详情 按钮，可以自定义拦截该软件弹窗的方式，若有不想拦截的弹窗广告，则单击 详情 按钮后，在打开的提示对话框中单击 不拦截 按钮或 全部不拦截 按钮即可。

实训一　查杀木马病毒并使用经典版清理模式清理垃圾

【实训要求】

现在用户经常使用计算机上网或下载一些文件和程序，为了避免计算机感染木马病毒，需要定期对计算机进行木马病毒查杀以及垃圾清理。通过本实训可进一步熟悉360安全卫士的使用方法。

微课视频

查杀木马病毒并使用经典版清理模式清理垃圾

【实训思路】

本实训使用360安全卫士来进行操作，启动360安全卫士，使用按位置查杀方式查杀木马病毒，然后进入"电脑清理"操作界面，切换到经典版清理模式，依次清理垃圾、软件和插件。按位置查杀木马病毒的界面如图3-34所示，经典版清理模式的界面如图3-35所示。

图3-34　按位置查杀

图3-35　经典版清理模式

【步骤提示】

（1）启动360安全卫士，单击"木马查杀"选项卡，在界面右侧单击"按位置查杀"按钮▣，打开"360木马查杀"对话框，在"扫描区域设置"列表中选择查杀的区域，然后单击 开始扫描 按钮。

（2）如果扫描出木马，则单击 一键处理 按钮进行处理。

（3）单击"电脑清理"选项卡，在操作界面右侧单击"经典版清理"按钮▣，打开"经典版电脑清理"对话框。

（4）单击"清理垃圾"选项卡，界面将显示扫描出的垃圾文件，单击 立即清理 按钮清理垃圾文件。

（5）单击"清理软件"选项卡，在其中单击选中要清理的软件对应的复选框，单击 一键清理 按钮，在打开的对话框中单击 确定 按钮将软件卸载，并删除其包含的数据。

（6）单击"清理插件"选项卡，单击 🔍 开始扫描 按钮扫描插件，在扫描结果中单击选中要清理的插件对应的复选框，再单击 立即清理 按钮。

实训二　使用金山毒霸全盘查杀病毒

【实训要求】

　　查杀计算机病毒是保障计算机系统使用安全的基本手段，也是计算机使用者需要养成的良好习惯。下面通过本实训进一步巩固查杀病毒的相关操作知识。

微课视频

使用金山毒霸
全盘查杀病毒

【实训思路】

　　本实训将利用前面所学的知识，使用金山毒霸对计算机系统进行全盘查杀，全盘查杀操作界面如图3-36所示。

图3-36　全盘查杀操作界面

【步骤提示】

　　（1）启动金山毒霸，单击"病毒查杀"按钮🖥，进入"全盘查杀"操作界面。

　　（2）扫描开始，界面显示扫描进度，并在进度条下方显示查杀的项目。

　　（3）扫描结束，单击 立即处理 按钮对风险项目进行处理。

　　（4）处理完成，单击↩按钮返回操作界面。

课后练习

练习1：对计算机进行体检并查杀木马病毒

　　练习启动360安全卫士，首先在"电脑体检"操作界面对计算机进行体检，并根据提示修复计算机系统，最后使用全盘查杀方式查杀木马病毒。

练习2：使用金山毒霸自定义查杀病毒

　　在计算机系统中安装金山毒霸，然后启动金山毒霸进入"自定义查杀"操作界面，使用"自定义查杀"方式查杀病毒。

技巧提升

1. 使用360安全卫士更新软件

使用360安全卫士可以高效管理计算机中安装的软件，如升级更新软件。其方法为：启动360安全卫士，单击"软件管家"选项卡，打开"360软件管家"窗口，单击"升级"选项卡，在窗口中查看当前计算机中可升级的软件，单击软件右侧的 升级 按钮或 一键升级 按钮便可对软件进行升级更新，如图3-37所示。

图3-37 软件升级更新

2. 使用360安全卫士卸载软件

使用360安全卫士还可以卸载软件，在卸载软件时，可以将软件残留信息一起删除。启动360安全卫士，单击"软件管家"选项卡，打开"360软件管家"窗口，单击"卸载"选项卡，在软件选项右侧单击 卸载 按钮即可卸载该软件，如图3-38所示。

图3-38 软件卸载

3. 粉碎文件

当计算机中某些文件无法彻底删除，占用磁盘空间或留下安全隐患时，可利用360安全卫士的文件粉碎机功能将文件彻底删除，具体操作如下。

（1）启动360安全卫士，单击"功能大全"选项卡，在左侧列表中单击"数据安全"选项卡，然后单击"文件粉碎机"右侧的 添加 按钮，如图3-39所示。

（2）启用文件粉碎机并打开"文件粉碎机"窗口，单击"添加文件"超链接，打开"选择要粉碎的文件"对话框，单击选中目标文件前的复选框，单击 确定 按钮，如图3-40所示。

图3-39　启用文件粉碎机

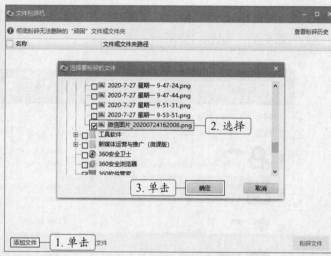

图3-40　添加要粉碎的文件

（3）添加要粉碎的文件后，可在下方单击选中"防止恢复"复选框防止文件恢复，然后单击 粉碎文件 按钮粉碎文件，如图3-41所示。

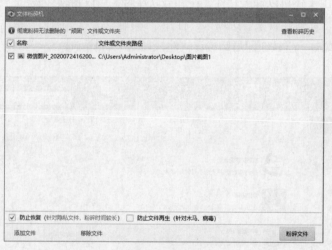

图3-41　粉碎文件

PART 4

项目四
文件管理工具

情景导入

米拉：老洪，文件传输时，文件太大，花费很多时间，有办法解决吗？

老洪：你可以使用WinRAR软件先压缩文件，再传送。米拉，我用百度网盘分享了工作文件给你，你记得下载文件。

米拉：好的，但是百度网盘是什么，文件该怎样下载呢？

老洪：百度网盘是网络文件传输工具，使用它首先需要登录百度网盘，然后执行一系列操作。

米拉：那我马上用百度网盘下载你分享的工作文件。老洪，我想更改图片的格式，可以实现吗？

老洪：当然可以，使用格式工厂几乎可以转换图片、音频和视频文件的所有常见格式。

学习目标

- 掌握使用WinRAR压缩和解压文件的操作方法
- 掌握使用百度网盘传输文件的操作
- 掌握使用格式工厂转换文件格式的操作方法

技能目标

- 能熟练使用WinRAR快速压缩和解压文件
- 能运用百度网盘上传、分享、下载文件
- 能使用格式工厂转换图片、音频和视频文件的格式

素质目标

- 具备高效管理文件能力，确保文件及相关资料完整与安全

任务一　使用WinRAR压缩文件

文件压缩是指将大容量的文件压缩成小容量的文件，以节约计算机的磁盘空间，提高文件传输速率。WinRAR是目前最流行的压缩工具软件之一，它不但能压缩文件，还能保护文件，便于文件在网络上传输，避免文件被病毒感染。

一、任务目标

使用WinRAR对文件进行压缩管理，主要练习快速压缩文件、加密压缩文件、分卷压缩文件、解压文件和修复损坏的压缩文件等操作。通过本任务的学习，用户可以掌握使用WinRAR压缩文件的基本操作。

二、相关知识

WinRAR是一款功能强大的压缩包管理工具软件，其压缩文件格式为RAR，并且完全兼容ZIP压缩文件格式，压缩比例要比ZIP文件高出30%左右，还可解压CAB、ARJ、LZH、TAR、GZ、ACE、UUE、BZ2、JAR和ISO等多种类型的压缩文件。

启动WinRAR，进入操作界面，如图4-1所示，该界面与"计算机"窗口类似，主要由标题栏、菜单栏、工具栏、文件浏览区和状态栏等组成。

图4-1　WinRAR的操作界面

三、任务实施

（一）快速压缩文件

快速压缩是使用WinRAR压缩文件最常用的方式。通常可通过操作界面和右键菜单实现，下面分别介绍这两种方法。

1.使用操作界面快速压缩文件

在压缩文件时，可以先启动WinRAR，在软件操作界面添加需要压缩

微课视频

使用操作界面
快速压缩文件

的文件，具体操作如下。

（1）启动WinRAR，在操作界面的地址栏中选择文件的保存位置，在下方列表中选择要压缩的文件，此处选择"工作文件2020年7月"文件夹，单击"添加"按钮 ，如图4-2所示。

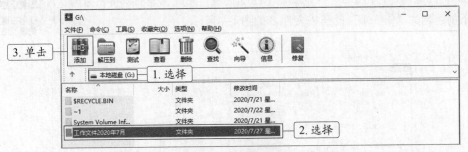

图4-2　添加压缩文件

（2）打开"压缩文件名和参数"对话框，在"压缩文件名"文本框中输入压缩后的文件名，其他保持默认设置，单击 确定 按钮，如图4-3所示。

（3）系统开始对选择的文件进行压缩，并显示压缩进度，如图4-4所示。此时压缩产生的文件被保存到被压缩文件的保存位置。

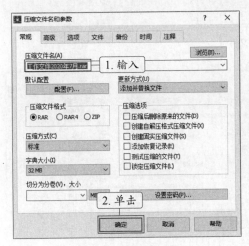

图4-3　设置压缩参数

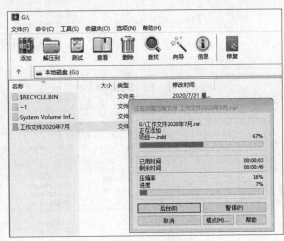

图4-4　开始压缩

压缩后删除被压缩的文件

　　在"压缩文件名和参数"对话框中单击选中"压缩后删除原来的文件"复选框，可在压缩后删除之前被压缩的文件。

2. 使用右键菜单快速压缩文件

在计算机中安装WinRAR后，相关操作将被自动添加到右键快捷菜单中，通过快捷菜单可快速压缩文件，具体操作如下。

（1）选择要压缩的目标文件，单击鼠标右键，在弹出的快捷菜单中选择对应的压缩命令，此处选择"添加到'第一项.rar'(T)"命令，如图4-5所示。

（2）WinRAR 开始压缩文件，并显示压缩进度，完成压缩后，将在当前目录下创建名为"第一项"的压缩文件，如图4-6所示。

使用右键菜单
快速压缩文件

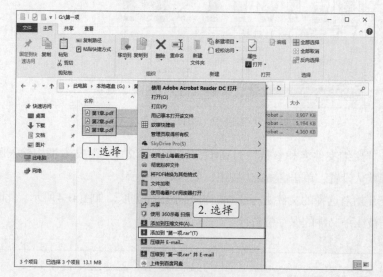

图4-5 压缩文件

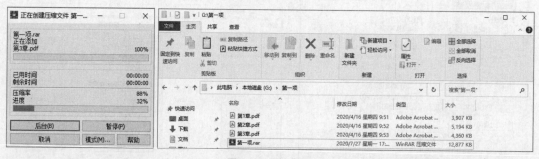

图4-6 压缩完成

压缩时间与压缩率

通常情况下，文件越大，压缩与解压缩的时间越长。文字文档和程序文件的压缩率较高，而图片等文件的压缩率相对低一些。压缩时可同时选择多个文件进行压缩。

（二）加密压缩文件

加密压缩文件即在压缩文件时添加密码，解压该文件时需要输入密码才能进行解压操作，这是一种保护文件的方法，可以防止他人任意解压并打开该文件，具体操作如下。

加密压缩文件

（1）启动WinRAR，选择要压缩的文件，单击鼠标右键，在弹出的快捷菜单中选择"添加到压缩文件"命令。

（2）打开"压缩文件名和参数"对话框，单击 设置密码(P)... 按钮，如图4-7所示。

（3）在"输入密码"数值框中输入密码，在"再次输入密码以确认"数值框中再次输入密码，单击 确定 按钮，如图4-8所示。

图4-7 打开"压缩文件名和参数"对话框

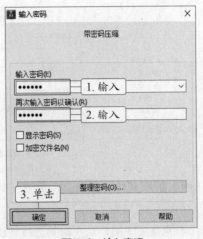

图4-8 输入密码

（三）分卷压缩文件

WinRAR的分卷压缩功能可以将文件化整为零，常用于大型文件的网上传输。分卷传输之后再进行合成操作，既保证了传输的便捷，又保证了文件的完整性。下面分卷压缩"7月25日笔记"文件，具体操作如下。

微课视频
分卷压缩文件

（1）在"7月25日笔记"文件上单击鼠标右键，在弹出的快捷菜单中选择"添加到压缩文件"命令，打开"压缩文件名和参数"对话框，在"切分为分卷（V），大小"下拉列表中选择需要分卷的大小或输入自定义的分卷大小，这里直接输入"100MB"，单击 确定 按钮，如图4-9所示。

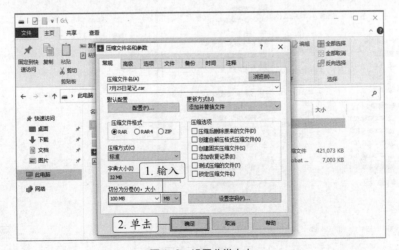

图4-9 设置分卷大小

（2）开始分卷压缩，压缩完成后，"7月25日笔记"文件将被分解为若干压缩文件，每个文件最大为100MB，如图4-10所示。

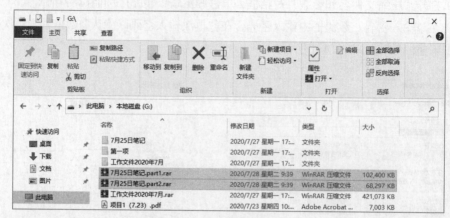

图4-10　分卷压缩文件

（四）解压文件

通常把后缀名为".zip"或".rar"的文件叫作压缩文件或压缩包，这样的文件不能直接使用，需要对其进行解压，这个过程叫作解压文件。下面使用WinRAR解压文件，具体步骤如下。

（1）打开压缩文件的保存位置，在压缩文件上单击鼠标右键，在弹出的快捷菜单中选择"解压到当前文件夹"命令，如图4-11所示。

（2）对文件进行解压操作，并显示解压进度，解压后的文件将保存到原位置，如图4-12所示。

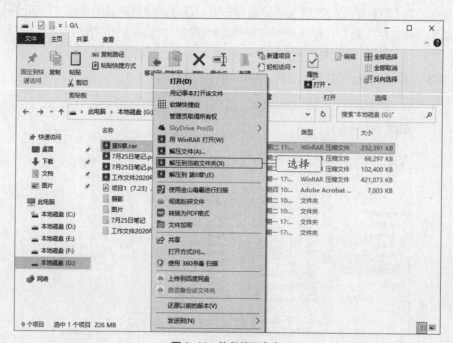

图4-11　执行解压命令

图4-12　解压文件

解压右键菜单命令的使用

操作提示

安装WinRAR后，系统会自动添加与之相关的右键菜单命令，在待解压文件上单击右键，在弹出的菜单中选择"解压到'XX（压缩包名称）'"命令将直接解压；选择"解压文件"命令，将打开"解压路径和选项"对话框，可设置解压文件名称和保存位置，然后进行解压。

（五）修复损坏的压缩文件

如果在解压文件过程中出现错误信息提示，有可能是不慎损坏了压缩文件中的数据，此时可以尝试使用WinRAR对其进行修复，具体操作如下。

（1）启动WinRAR，在文件浏览区中选择需要修复的压缩文件，然后单击工具栏中的"修复"按钮，如图4-13所示。

（2）在打开的"正在修复"对话框中设置保存修复后的压缩文件的路径和类型，单击　确定　按钮开始修复文件，如图4-14所示。

微课视频

修复损坏的
压缩文件

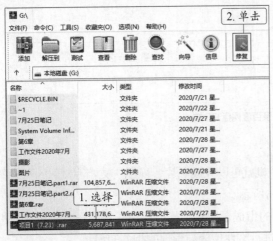

图4-13　修复压缩文件

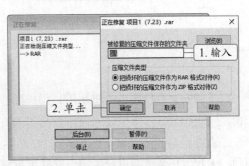

图4-14　设置修复参数

任务二　使用百度网盘传输文件

网盘，又称网络U盘或网络硬盘，它是由网络公司推出的在线存储服务，主要向用户提供文件存储、访问、备份、共享等功能。网盘支持独立文件和批量文件上传下载，还具有超大容量、永久保存等特点。随着网络的发展，网盘的使用将更为广泛。

一、任务目标

使用百度网盘上传和下载文件。首先需要登录百度网盘，然后将本地计算机的文件上传到网盘中，并将存放在网盘中的文件下载到本地计算机中，再对网盘文件进行分享和管理。

二、相关知识

百度网盘是百度官方推出的安全云存储服务产品。用户可以便捷地查看、上传、下载百度云端各类数据，并且通过百度网盘存入的文件不会占用本地空间。百度网盘提供覆盖多终端的跨平台免费数据共享服务，与传统的存储方式及其他的云存储产品相比，百度网盘有"大、快、安全永固、免费"等特点。其在线浏览、离线下载等功能，突破了"存储"的单一理念，不仅能够实现文档、音/视频、图片在线预览，而且能够自动对文件进行分类，让浏览查找更方便。用户可以在个人计算机（Personal Computer，PC）端操作百度网盘，也可以使用手机端进行操作。

（一）PC端

将百度网盘下载安装到计算机中，然后启动百度网盘，进入登录界面，选择扫码、输入账号和密码或通过短信快捷登录账户，进入操作界面，如图4-15所示。操作界面主要包含功能选项卡、切换窗格、工具栏和文件显示区等部分。

图4-15　登录百度网盘PC端

（二）手机端

下载安装百度网盘手机端后，用户通过手机就可以完成照片、视频、文档等文件的网络备份、同步和分享。手机端的操作界面如图4-16所示。

百度网盘的手机端操作界面与PC端界面的组成框架和结构很相似，其操作方法也大致相同，因此本任务主要讲解使用百度网盘PC端进行文件传输与管理的相关知识。

图4-16 百度网盘手机端

网页端百度网盘

　　除了可以在PC端和手机端使用百度网盘外，用户还可以在网页端进行操作。用户启动浏览器后，打开百度网盘的网站页面，在其中登录即可。百度网盘的网页端页面与PC端操作界面比较类似，如图4-17所示。

图4-17 百度网盘网页端

三、任务实施

（一）上传文件

登录百度网盘，即可将本地计算机中的资料上传到网盘中存储，下面在百度网盘中上传文件，具体操作如下。

（1）在百度网盘PC端的工具栏中单击 ↥ 上传 按钮，打开"请选择文件/文件夹"对话框，在其中选择需要上传的文件，然后单击 存入百度网盘 按钮，如图4-18所示。

微课视频

上传文件

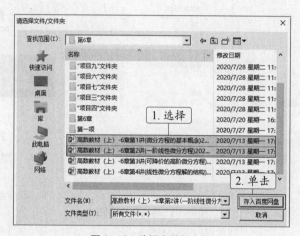

图4-18　选择文件并上传

（2）打开"正在上传"界面，查看文件的上传进度，如图4-19所示。

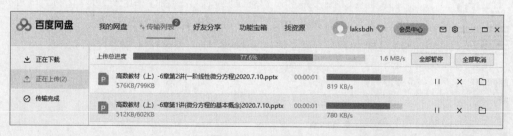

图4-19　上传进度

（二）分享文件

上传到百度网盘中的文件可在网络中分享，其他用户通过分享链接，可下载上传的文件，实现文件传送。下面使用百度网盘分享文件、创建分享链接，具体操作如下。

微课视频

分享文件

（1）选择网盘中要分享的文件，在工具栏中单击 < 分享 按钮，如图4-20所示。

（2）打开"分享文件"窗口，单击"私密链接分享"选项卡，然后在该选项卡中单击 创建链接 按钮，如图4-21所示。

（3）此时自动创建分享链接和提取码，单击界面中的 复制链接及提取码 按钮即可，如图4-22所示。

（4）将复制的链接及提取码通过QQ、微信等方式发送给好友，好友收到后通过链接打开网页，在下载时需要输入提取码后才能下载。

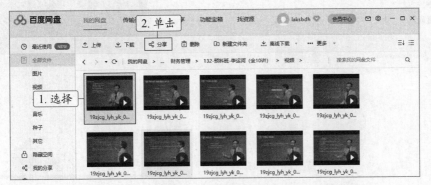

图4-20 分享文件

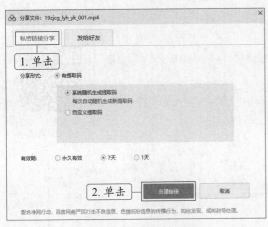

图4-21 创建私密链接

图4-22 复制链接和提取码

分享给多人

　　打开"分享文件"对话框，单击"发给好友"选项卡，即可在百度网盘的群组中分享，也可以选择多个好友分享，但是一次最多只能分享给50人。

（三）下载文件

下载文件的操作分为两类，一类是将网络中的资源下载到自己的网盘中存储，另一类是将存储在自己网盘中的文件下载到本地计算机中。

1.将网络资源下载到网盘

通过网盘下载网络资源的方法比较简单，具体操作如下。

（1）在浏览器中打开网盘分享文件的页面，单击 保存到网盘 按钮，如图4-23所示。

（2）打开"保存到网盘"对话框，设置保存位置，这里保持默认设置，单击 确定 按钮，如图4-24所示。保存成功后，将显示成功保存提示信息。

微课视频

将网络资源
下载到网盘

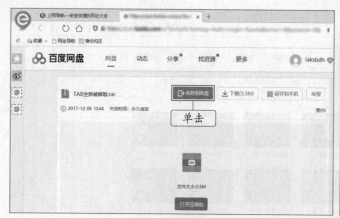

图4-23 保存到网盘　　　　　图4-24 设置保存位置

2. 将网盘资源下载到本地计算机

将文件存储到网盘后，需要使用时，可将网盘内的文件下载到本地计算机中，方便使用。下面将网盘中"企业成本控制资料"文件夹中的文件下载到本地计算机中，具体操作如下。

（1）在百度网盘PC端的"我的网盘"选项卡中找到"企业成本控制资料"文件夹并在其上双击，打开该文件夹，如图4-25所示。

微课视频

将网盘资源下载到
本地计算机

图4-25 打开网盘中的文件夹

（2）在打开的文件夹中选择要下载的文件，单击 下载 按钮，如图4-26所示。

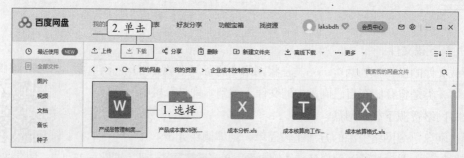

图4-26 下载文件

（3）打开"设置下载存储路径"对话框，单击选中"默认此路径为下载路径"复选框，然后单击 浏览 按钮，如图4-27所示。

（4）打开"浏览计算机"对话框，在其中选择下载文件的保存位置，单击 确定 按钮，如图4-28所示，返回"设置下载存储路径"对话框，单击 下载 按钮。

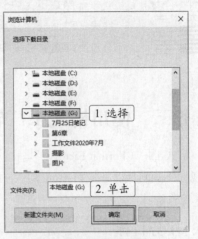

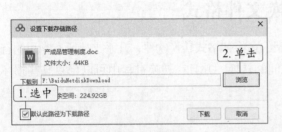

图4-27　设置下载　　　　　　　　　　　图4-28　设置保存位置

（5）打开"正在下载"选项卡，其中显示了文件下载进度，如图4-29所示。

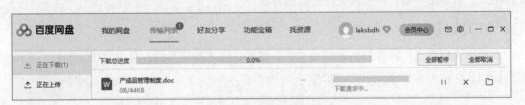

图4-29　显示下载进度

（6）下载完成后，在"传输完成"选项卡中单击"打开所在文件夹"按钮 可快速打开文件的保存位置，如图4-30所示。

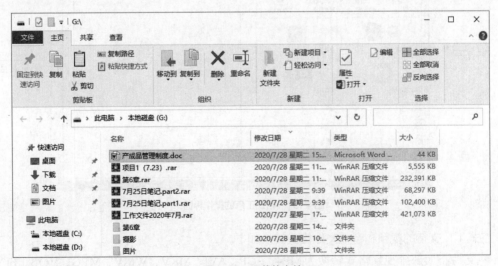

图4-30　下载的文件

上传到网盘的文件夹中

在网盘的文件夹中单击"上传文件"图标⬆，打开"请选择文件/文件夹"对话框，在其中选择上传的文件，然后单击 存入百度网盘 按钮，可将文件上传到网盘文件夹中。

任务三　使用格式工厂转换文件格式

格式工厂（Format Factory）是一款免费的多媒体格式转换软件，几乎支持所有常用的音频和视频格式转换，还支持不同图片格式之间的转换，并且在转换过程中可以修复某些损坏的视频文件。

一、任务目标

使用格式工厂将JPG图片格式转换为PNG格式，将MP3音频格式转换为WAV格式，然后将MP4视频格式转换为AVI格式。通过本任务的学习，用户可以掌握使用格式工厂转换图片文件格式、音频文件格式和视频文件格式的方法。

二、相关知识

下载安装格式工厂软件后，启动格式工厂软件，进入操作界面，其主要由工具栏、功能导航面板和文件列表区等部分组成，如图4-31所示。

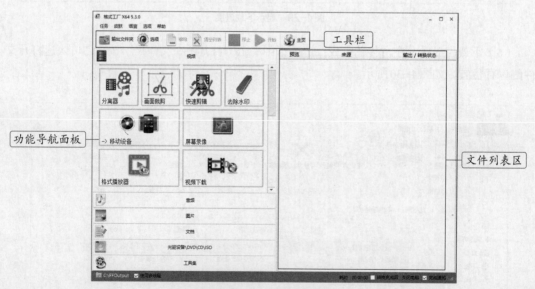

图4-31　格式工厂的操作界面

格式工厂支持的视频和音频文件格式转换如下。

● 支持将大部分视频格式转换为MP4、3GP、AVI、MKV、WMV、MPG、VOB、FLV、SWF、MOV，新版支持将RMVB（RMVB格式需要安装Realplayer或相关的译码器）、

XV（迅雷独有的文件格式）格式转换成其他格式。

● 支持将所有音频格式转换为MP3、WMA、FLAC、AAC、MMF、AMR、M4A、M4R、OGG、MP2、WAV格式。

三、任务实施

（一）转换图片文件

不同场所或不同软件需要和支持的图片文件格式不同，使用格式工厂可将目标图片转换为所需格式。下面使用格式工厂将素材文件中的"法式风情小镇1.jpg"图片转换为.png格式，具体操作如下。

（1）启动格式工厂，在功能导航面板中单击"图片"选项卡，在打开的列表中选择"PNG"选项，如图4-32所示。

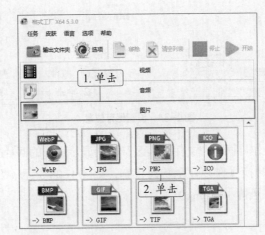

图4-32　选择转换格式

（2）打开"PNG"对话框，在其中单击 添加文件 按钮，打开"请选择文件"对话框，选择要转换的"法式风情小镇.jpg"图片（素材所在位置：素材文件\项目四\任务三\法式风情小镇.jpg），然后单击 打开(O) 按钮，如图4-33所示。

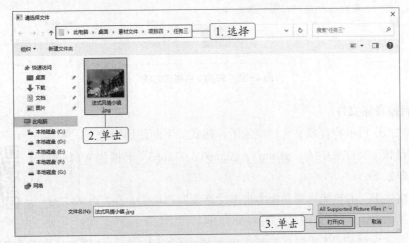

图4-33　选择文件

转换多个文件格式

在转换文件格式时，单击 添加文件 按钮，打开"请选择文件"对话框，可同时选择添加多个文件进行格式转换。

（3）返回"PNG"对话框，此时添加的文件显示在文件列表框中，在左下角设置输出文件时保存的位置，然后单击 确定 按钮，如图4-34所示。

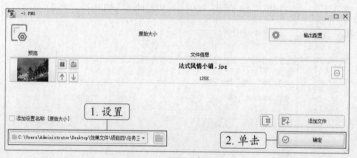

图4-34 设置保存位置

（4）此时格式工厂操作界面的"文件列表区"自动显示添加的图片文件，单击工具栏中的"开始"按钮 ▶，可执行转换操作并显示转换状态，如图4-35所示（效果所在位置：效果文件\项目四\任务三\法式风情小镇.png）。

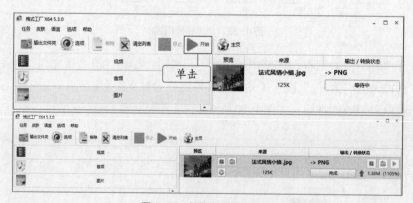

图4-35 转换文件格式完成

（二）转换音频文件

利用格式工厂可以将音频文件转换为所需格式。下面使用格式工厂将素材文件中"音频"文件夹中的"01.mp3、02.mp3、03.mp3"转换为WMA格式，具体操作如下。

（1）在格式工厂的功能导航面板中单击"音频"选项卡，在打开的"音频"列表中选择"WMA"选项，如图4-36所示。

（2）打开"WMA"对话框，在其中单击 添加文件 按钮，打开"请选择文件"对话框，在

"音频"文件夹中选择要转换的"01.mp3、02.mp3、03.mp3"（素材所在位置：素材文件\项目四\任务三\音频\01.mp3、02.mp3、03.mp3），然后单击 打开(O) 按钮，如图4-37所示。

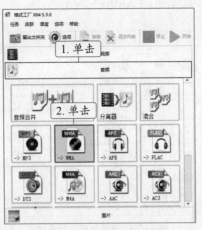

图4-36　选择转换格式

图4-37　添加文件

（3）返回"WMA"对话框，此时添加的文件夹中的所有音频文件显示在文件列表框中，在左下角设置输出文件时保存的位置，单击 确定 按钮，如图4-38所示。

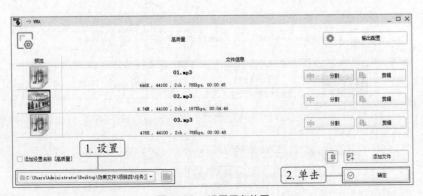

图4-38　设置保存位置

（4）此时格式工厂操作界面的"文件列表区"中自动显示添加的音频文件，单击工具栏中的"开始"按钮▶，执行转换操作并显示转换进度，如图4-39所示（效果所在位置：效果文件\项目四\任务三\01.wma、02.wma、03.wma）。

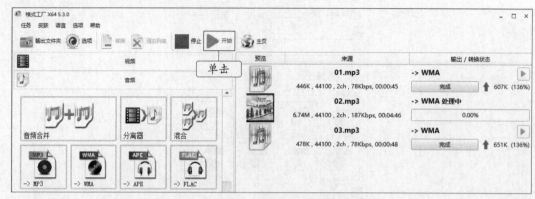

图4-39　转换音频文件格式

转换音频文件的其他操作

在"WMA"对话框中添加文件后，在格式工厂操作界面中单击工具栏中的"移除"按钮可移除某个文件，单击"清空列表"按钮可清空文件列表，单击"停止"按钮可以停止转换。

（三）转换视频文件

使用格式工厂转换视频文件格式的操作方法与转换图片和音频文件格式的方法相同。下面将素材文件中的"茶叶.mp4"转换为AVI格式，具体操作如下。

微课视频

转换视频文件

（1）启动格式工厂，在功能导航面板中单击"视频"选项卡，在打开的"视频"列表中选择"AVI"选项。

（2）打开"AVI"对话框，添加素材文件"茶叶.mp4"（素材所在位置：素材文件\项目四\任务三\茶叶.mp4），并设置输出位置，然后单击 输出配置 按钮，如图4-40所示。

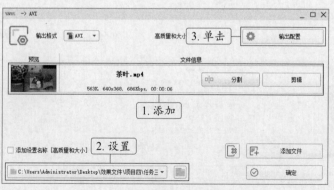

图4-40　添加视频文件并设置输出位置

（3）打开"视频设置"对话框，在其中可以设置输出参数，然后单击 确定 按钮，如图 4-41 所示。

（4）返回"AVI"对话框，单击 确定 按钮，返回格式工厂操作界面，然后单击工具栏中的"开始"按钮▶，执行转换操作，如图 4-42 所示。完成后，打开输出文件夹可查看转换后的视频文件（效果所在位置：效果文件\项目四\任务三\茶叶.avi）。

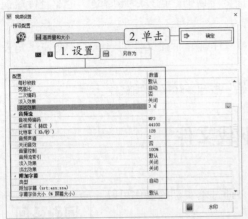

图 4-41 设置输出参数

图 4-42 转换视频文件

实训一 解压文件后转换格式

【实训要求】

在网络中下载的文件多为压缩文件，在进行网络传输时，也常需要先将文件压缩，减小文件大小，以利于传输。本实训将对素材文件进行解压，然后转换文件格式。

【实训思路】

本实训将通过 WinRAR 和格式工厂实现，首先将素材文件（素材所在位置：素材文件\项目四\实训一\企业宣传短视频.rar）解压，然后转换其中的视频文件的格式，并保存到效果文件中（效果所在位置：效果文件\项目四\实训一\企业宣传短视频\），效果如图 4-43 所示。

微课视频

解压文件后
转换格式

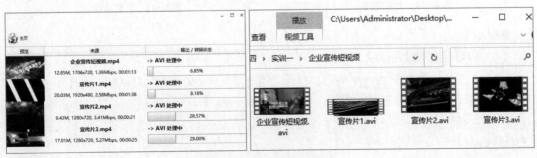

图 4-43 转换视频格式效果

【步骤提示】

（1）打开"企业宣传短视频.rar"文件所在的文件夹，在该文件上单击鼠标右键，在弹出的快捷菜单中选择"解压到 企业宣传短视频"命令，将文件解压到"企业宣传短视频"文件夹。

（2）启动格式工厂，在功能导航面板中单击"视频"选项卡，在打开的视频列表中选择"AVI"选项，打开"AVI"对话框。

（3）在其中单击 添加文件 按钮，打开"请选择文件"对话框，选择解压后的"企业宣传短视频"文件夹中要转换的视频文件，单击 打开(O) 按钮。

（4）返回"AVI"对话框，此时添加的所有视频文件都显示在文件列表框中，在左下角设置输出文件保存位置，单击 确定 按钮。

（5）在格式工厂操作界面的工具栏中单击"开始"按钮▶转换视频文件。

实训二　通过百度网盘上传和下载文件

【实训要求】

使用百度网盘上传文件，并下载上传后的文件。通过本实训的操作可以进一步巩固使用百度网盘的基本知识。

【实训思路】

用户可以尝试将本地计算机中的文件上传至百度网盘中，再利用百度网盘下载之前保存在百度网盘中的文件。图4-44所示为上传文件操作，图4-45所示为下载文件操作。

微课视频

通过百度网盘上传和下载文件

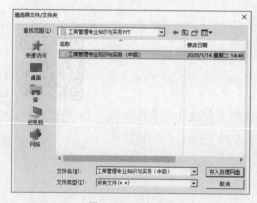

图4-44　上传文件

图4-45　下载文件

【步骤提示】

（1）启动百度网盘并登录。

（2）在工具栏中单击 上传 按钮，打开"请选择文件/文件夹"对话框，选择要上传的文件保存的路径，选择需要上传的文件，单击 存入百度网盘 按钮。

（3）上传完成后，单击"全部文件"选项卡，在文件显示区中选择要下载的文件，单击 下载 按钮。

（4）打开"设置下载存储路径"对话框，设置保存下载文件的位置后，单击 下载 按钮下载文件。

课后练习

练习1：通过右键菜单快速压缩文件

通过右键菜单快速压缩文件的操作。

练习2：分享文件

下面练习使用百度网盘分享考勤统计表。操作要求如下。

- 登录百度网盘PC端，上传考勤统计表。
- 选择网盘中的考勤统计表，创建私密分享链接和提取码。
- 将分享链接和提取码通过微信发送给同事。

练习3：转换多张图片文件格式

下面将素材文件中的.jpg图片格式转换为.png格式。操作要求如下。

- 启动格式工厂，在"图片"栏中选择"PNG"选项，然后添加素材文件中的"照片"文件夹（素材所在位置：素材文件\项目四\课后练习\照片\）。
- 添加"照片"文件夹后，移除"02.jpg"图片文件，然后将其他图片转换为.png格式（效果所在位置：效果文件\项目四\课后练习\照片\）。

技巧提升

1.还原或彻底删除百度网盘回收站文件

在百度网盘PC端中删除的文件存放在回收站中，单击"回收站"选项卡，将在网页中打开百度网盘的回收站页面，在其中选择文件，单击鼠标右键，在弹出的快捷菜单中选择"还原"命令，可将文件还原到百度网盘中删除前的原位置；选择"彻底删除"命令，将彻底删除文件，如图4-46所示。

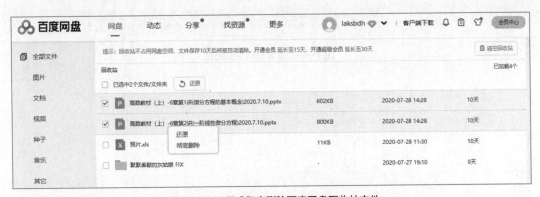

图4-46　还原或彻底删除百度网盘回收站文件

2.网盘选项的设置

设置网盘选项，可以帮助用户便捷有效地使用网盘。设置网盘选项的具体操作如下。

（1）在网盘PC端操作界面的右上角单击"设置"按钮◎，在打开的下拉列表中选择"设置"选项。打开"设置"对话框，在"基本"选项卡中单击选中"开机时启动百度网盘"复选框，如图4-47所示。

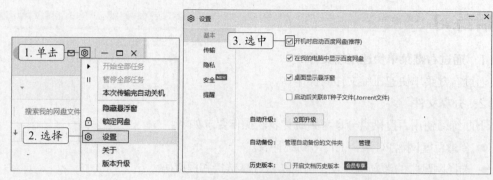

图4-47　开机启动

（2）单击"传输"选项卡，在"下载文件位置选择"栏中设置保存位置，然后单击选中"默认此路径为下载路径"复选框，单击 确定 按钮，如图4-48所示。

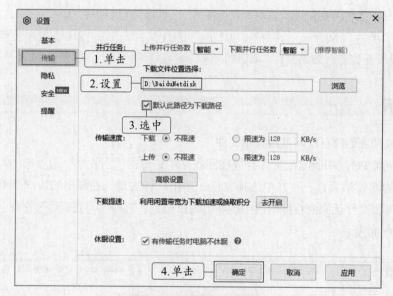

图4-48　设置默认下载路径

PART 5

项目五
文档编辑工具

情景导入

米拉：老洪，什么软件可以编辑在线文档呢？

老洪：腾讯文档就是一款可以多人协作的在线文档，支持在线文档、在线表格、在线幻灯片、在线PDF（Portable Document Format）和收集表类型，打开网页就能查看和编辑。

米拉：那计算机中的PDF文档应该怎样打开查看？

老洪：推荐你使用Adobe Acrobat软件，它不仅可以打开PDF文档，还可对文档进行编辑和转换。

米拉：有没有软件可以进行语言翻译？

老洪：有呀！使用有道词典即可进行语言翻译。

学习目标

- 掌握使用腾讯文档编辑在线文档的操作方法
- 掌握使用Adobe Acrobat查看、编辑和转换PDF文档的操作方法
- 掌握使用网易有道词典进行语言互译的操作方法

技能目标

- 能熟练使用腾讯文档创建、编辑在线文档
- 能使用Adobe Acrobat编辑和转换PDF文档
- 能使用网易有道词典进行语言翻译

素质目标

- 提升文档编辑能力和文字表达能力，具有创新精神

任务一　使用腾讯文档编辑在线文档

腾讯文档是一款可多人协作的在线文档，用户随时随地使用任意设备皆可顺畅访问、创建和编辑文档。使用腾讯文档不仅可以制作出图文并茂的文档、富含数据的表格，还可以创建形象生动的幻灯片。

一、任务目标

使用腾讯文档编辑在线文档，其中将主要练习新建在线文档、编辑在线文档、分享文档并设置权限等操作。通过本任务的学习，用户可以掌握使用腾讯文档编辑在线文档的基本操作。

二、相关知识

腾讯文档是一款无需注册的软件，用户可使用QQ、微信一键登录，也可跨平台使用。腾讯文档支持导入导出Office文件，还拥有一键翻译、实时股票函数、语音输入转文字、图片OCR文字提取、表格智能分列、查看历史修订记录等特色功能，不仅支持本地文档导入、在线文档导出为本地文件，还提供信息收集、打卡签到、考勤、在线办公、在线教育、简历等免费模板。用户可以在PC端、手机端、网页端随时随地查看和修改文档。

（一）PC端

用户在计算机中下载安装腾讯文档，启动后进入登录界面，使用QQ或微信登录账户，即可进入操作界面，如图5-1所示。

图5-1　腾讯文档PC端操作界面

（二）手机端

腾讯文档的手机端界面与PC端界面的组成框架和结构类似，操作方法也大致相同，用户在手机中安装并启动腾讯文档后，即进入登录界面，登录后即可进行操作，如图5-2所示。

腾讯文档的网页端页面与PC端界面相同，用户启动浏览器后进入腾讯文档的网站页面，在其中登录即可。另外，除了上述入口，用户还可以通过微信和QQ小程序进入腾讯文档。下面介绍在腾讯文档PC端中编辑文档的相关操作。

图5-2　腾讯文档手机端操作界面

三、任务实施

（一）新建在线文档

在腾讯文档中新建文档主要可分为新建空白文档和根据模板新建文档两种方式。

1. 新建空白文档

在腾讯文档中新建空白文档的操作比较简单，具体操作如下。

（1）启动腾讯文档，在界面左边单击 ┃＋新建┃按钮，在打开的下拉列表中选择"在线文档"选项，如图5-3所示。

微课视频

新建空白文档

图5-3　选择"在线文档"选项

（2）在打开的"选取模板"窗口的"常用"栏下选择"空白"选项，如图5-4所示。

（3）新建空白文档成功后，在其中可输入标题和正文内容，如图5-5所示。

图5-4　选择"空白"选项

图5-5　新建空白文档成功

在腾讯文档中新建文档的其他方法

除了在腾讯文档界面左侧单击 ➕新建 按钮新建文档外，用户还可以在操作界面右侧单击鼠标右键，在弹出的快捷菜单中选择相应的命令新建文档。

2. 根据模板新建文档

根据模板新建文档即利用腾讯文档提供的某种模板来创建具有一定内容和样式的文档，具体操作如下。

（1）启动腾讯文档，在界面左边单击 ➕新建 按钮，在打开的提示对话框中选择"在线文档"选项。

（2）在打开的"选取模板"窗口中挑选需要的模板，此处选择"简历"栏下的"金融分析师个人简历"选项，如图5-6所示。

微课视频

根据模板新建文档

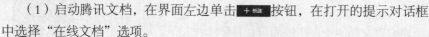
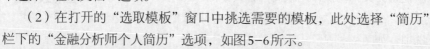

图5-6　选择文档模板

（3）腾讯文档打开选择的模板，在其中可进行编辑，如图5-7所示。

图5-7　根据模板新建文档

（二）编辑在线文档

新建文档后，用户可在其中对文档进行编辑，如输入文本、复制文本、修改字体字号、加粗和倾斜文本、突出显示文本、设置段落格式等操作。下面通过腾讯文档编辑新建的空白文档，具体操作如下。参考效果如图5-8所示。

微课视频

编辑在线文档

产品或服务示例

一、产品的用途、功能

鲜果一号是一种可应用于果蔬类产品的生物性保鲜剂。鲜果一号喷洒在果蔬上可以明显地延长保鲜时间，具有绿色、无毒、热稳定、高效等特性。

二、客户价值

采用鲜果一号可为消费者提供绿色、新鲜的产品，同时，果蔬保鲜过程中腐败率的降低可为客户增加利润，减少损失。

三、产品使用方法

通过兑水喷洒起到防腐作用，对于数量多的果蔬防腐，可通过隔板旋转喷洒及冷藏相结合的方式，达到保鲜的效用。而其作用机理则是在水雾周边形成一定区域的抗菌区，从而起到防腐的效用。以下是其可适用的两种情形。

➤ 果蔬采摘过程

在果蔬的采摘过程中即可进行喷洒，针对销售与储存过程来延长果蔬的保鲜时间，从而达到最高的效益。此种做法对于普通农户来说可以大幅度地延长产品从采摘到落果后产品的保鲜时间，为其选择合理的经销商延长时间，从而在做到用户赚钱的同时，增加本公司的盈利，做到互利共赢。

➤ 果蔬储存过程

在将抗菌肽试剂胺合理比例勾兑后，即可对果蔬进行大批量喷洒，从而做到果蔬的保鲜。针对小商小贩的售卖过程也具有很高的经济效益，通过喷洒本试剂，使得产品仍新鲜如初，从而为其吸引更多客户。同时，也可为农户及电商平台在农贸产品的储存过程提供产品与方案的保障，提高经济效益。

图5-8　文档编辑参考效果

（1）启动腾讯文档，在界面左边单击 ➕新建 按钮，在打开的下拉列表中选择"在线文档"选项。

（2）在打开的"选取模板"窗口的"常用"栏下选择"空白"选项新建空白文档。

（3）对空白文档进行编辑，首先在标题栏中输入文档的标题"产品或服务示例"，然后单击工具栏中的 标题 ▾ 按钮，在打开的下拉列表中选择"标题"选项，应用"标题"样式，让文本居中显示，如图5-9所示。

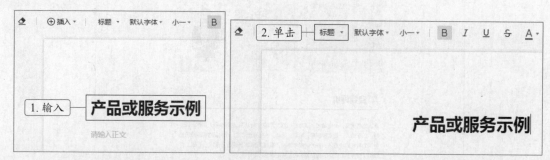

图5-9　编辑文档标题

（4）输入文档正文，按【Enter】键换行，完成正文的输入，如图5-10所示。

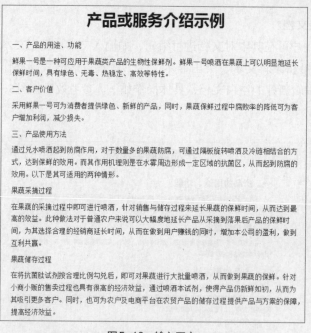

图5-10　输入正文

（5）将文本插入点定位到"一、产品的用途、功能"文本所在行，单击工具栏中的 正文 ▾ 按钮，在打开的下拉列表中选择"标题1"选项，然后使用同样的方法对"二、客户价值""三、产品使用方法"文本设置同样的样式，设置好后的效果如图5-11所示。

（6）将文本插入点定位到"果蔬采摘过程"文本所在行，单击工具栏中的"项目符号"按钮 ≔ 后的下拉按钮 ▾，在打开的下拉列表中选择第一行第三个选项，如图5-12所示。按照同样的方法对"果蔬储存过程"应用同样的项目符号，应用项目符号后的效果如图5-13所示。

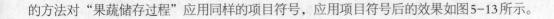

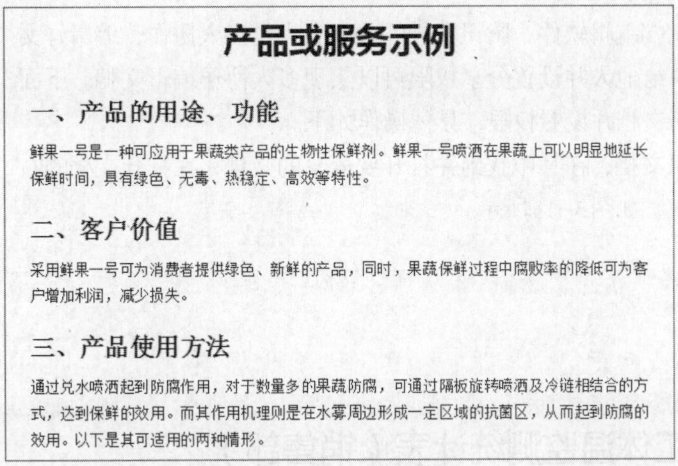

图5-11 设置"标题1"样式

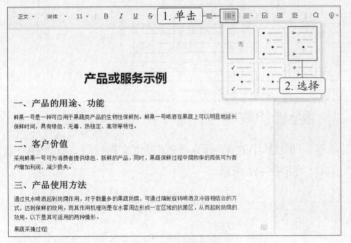

图5-12 设置项目符号

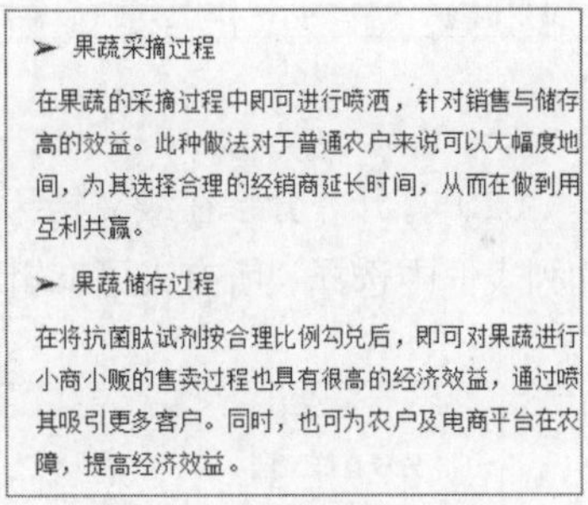

图5-13 设置项目符号后的效果

（7）将文本插入点定位到"一、产品的用途、功能"下方文本所在行，单击工具栏中的"增加缩进"按钮，对文本设置缩进，设置缩进后的效果如图5-14所示。

图5-14 设置正文缩进

（8）使用同样的方法设置正文中其他文本的缩进效果，至此文档编辑完毕。

（三）分享文档并设置权限

区别于其他文档编辑软件，腾讯文档的一大亮点是多人协作，编辑好文档后，将文档分享给他人并设置分享权限可以实现多人协作编辑文档。下面在腾讯文档中分享文档并设置权限，具体操作如下。

微课视频

分享文档并
设置权限

（1）启动腾讯文档，在其中找到并打开要分享的文档，在打开文档的右上角单击 分享 按钮，如图5-15所示。

图5-15　分享文档

（2）打开"分享在线文档"对话框，单击其中的 仅我可查看 ▾ 按钮设置文档权限，此处在打开的列表框中选择"所有人可编辑"选项，如图5-16所示。

图5-16　设置文档权限

（3）权限设置完毕，在"分享到"栏下方选择以QQ、微信、链接、二维码的形式分享文档，此处单击"微信"按钮 ，使用手机扫描"通过小程序分享给微信好友"对话框中的小程序二维码，即可分享文档。

设置文件夹共享

除了共享文档，在腾讯文档中还可以共享文件夹。在腾讯文档操作界面中找到要共享的文件夹，单击文件夹后的"更多操作"按钮☰，在打开的列表中选择"设置文件夹共享"选项，在打开的"文件夹权限"对话框中将文件夹权限设置为"共享"，并添加共享成员即可，如图5-17所示。

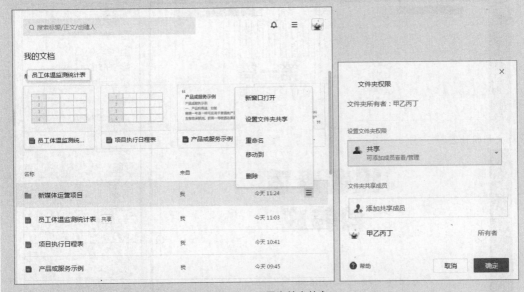

图5-17 设置文件夹共享

任务二 使用Adobe Acrobat编辑PDF文档

PDF是一种电子文档格式，该格式能如实保留文档原来的格式和内容，以及字体和图像。Adobe Acrobat是专门用于打开并编辑PDF文档的工具软件。

一、任务目标

使用Adobe Acrobat编辑PDF文档，主要练习编辑PDF文档、转换PDF文档等操作。通过本任务的学习，用户可以掌握使用Adobe Acrobat的方法。

二、相关知识

PDF是Adobe公司开发的电子文档格式。这种文档格式与操作系统平台无关，可在任何操作系统中使用。这一特点使互联网上越来越多的电子图书、产品说明、公司广告、网络资料和电子邮件等都开始使用这种格式。

设计PDF格式的目的是支持跨平台、多媒体集成信息的出版和发布，尤其是为网络信息发布提供支持。因此，PDF格式可以将文字、字型、格式、颜色以及独立于设备和分辨率的图形图像等封装在一个文件中。该格式还可以包含超文本链接、声音和动态影像等电子信息，且文件集成度和安全可靠性都较高。

  Adobe Acrobat是一款由Adobe公司发布的PDF制作软件，其操作界面主要由菜单栏、工具栏、工具面板和文档阅读区等部分组成，如图5-18所示。

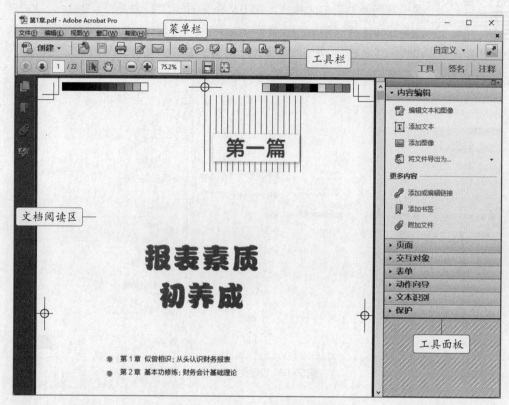

图5-18　Adobe Acrobat的操作界面

下面介绍其中几个组成部分。

● **工具栏**：提供阅读PDF文档常用命令的快捷方式按钮，可快速跳转页码和打印PDF文档等。

● **工具面板**：工具面板集合了Adobe Acrobat的常用工具按钮，用于执行创建、编辑和导出PDF文档等操作。

● **文档阅读区**：文档阅读区主要用于查看PDF文档内容。

三、任务实施

（一）编辑PDF文档

打开PDF文档后，可使用Adobe Acrobat软件对文档内容（如文字和图像等）进行编辑操作，其方法与在腾讯文档中编辑文本和图片相似。下面在Adobe Acrobat中编辑PDF文档内容，具体操作如下。

（1）启动Adobe Acrobat，打开"运动注意事项.pdf"文档，切换到目标页，在界面中单击**工具**按钮，显示工具面板，在工具面板中选择"编辑

微课视频

编辑PDF文档

文本和图像"选项，如图5-19所示（素材所在位置：素材文件\项目五\任务二\运动注意事项.pdf）。

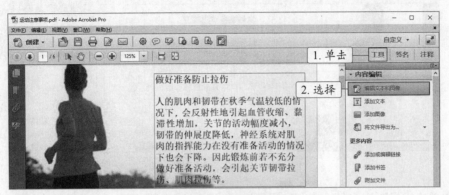

图5-19　执行编辑命令

（2）进入编辑状态，将光标插入点定位到文本处或选择文本内容，可对文本内容进行修改、删除以及设置字体、颜色等操作，如选择标题文本"做好准备防止拉伤"，单击"格式"栏下方右侧的下拉按钮▼，在打开的下拉列表框中可选择需要的字体，这里选择"方正艺黑简体"选项，如图5-20所示。

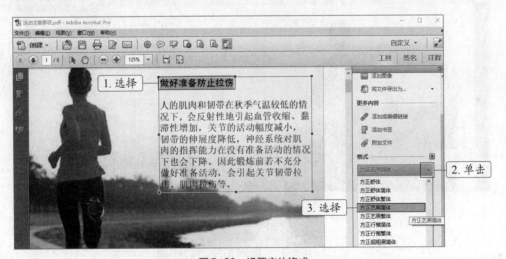

图5-20　设置字体格式

（3）保持文字的选择状态，单击"居中对齐"按钮☰，设置文字居中对齐，如图5-21所示。

将PDF文档中的文本及图像复制到文字处理软件中

　　使用Adobe Acrobat可以选择和复制PDF文档中的文本及图像，然后将其粘贴到Word和记事本等文字处理软件中。

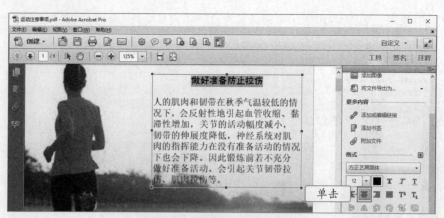

图5-21 设置文本居中对齐方式

（4）单击选择图片，在"格式"栏下方单击相应按钮可执行旋转、裁剪图像等操作，如单击"裁剪图像"按钮🔳，然后将鼠标指针移到图片的控制点上，拖动鼠标指针即可裁剪图片，如图5-22所示。

图5-22 裁剪图片

调整页面缩放比例

在Adobe Acrobat中按住【Ctrl】键，滚动鼠标滚轮可以缩放显示PDF文档页面。另外，在阅读模式的浮动工具栏中单击🞢按钮可放大页面显示，单击🞣按钮可缩小页面显示。

（二）转换PDF文档

在办公中，有时需要将已有的PDF文档转换为Word、Excel、PowerPoint等格式的文件，再在其中进行编辑操作，有时则需要将办公软件制作完成的文件转换为PDF文档进行统一查看。下面将"企业简介.pdf"文件转换为

微课视频

转换PDF文档

PowerPoint演示文稿进行编辑与放映，然后将"手机远程办公环境的搭建.docx"转换为PDF文档进行查看，具体操作如下。

（1）启动Adobe Acrobat，打开"企业简介.pdf"文档，在界面中单击工具按钮，显示工具面板，在工具面板中单击"将文件导出为"按钮（素材所在位置：素材文件\项目五\任务二\企业简介.pdf），在打开的下拉列表中选择"Microsoft PowerPoint演示文稿"选项，如图5-23所示。

图5-23 导出文件

（2）打开"另存为"对话框，设置导出文件的保存位置，单击保存(S)按钮，开始导出文件，如图5-24所示。

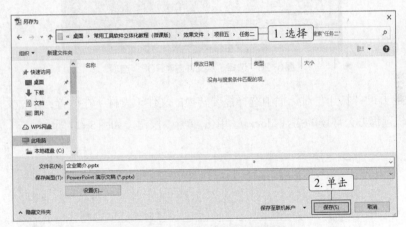

图5-24 设置导出文件的保存位置

（3）导出完成后，导出的"企业简介.pptx"演示文稿如图5-25所示（效果所在位置：效果文件\项目五\任务二\企业简介.pptx）。

转换PDF文档说明

在转换PDF文档时，导出的Word、Excel、PowerPoint等格式的文件可能会出现错字、排版错误的情况，用户在使用时，需要对导出的文档进行检查。

图5-25　导出的演示文稿

（4）返回PDF文档界面，在工具栏中单击"创建"按钮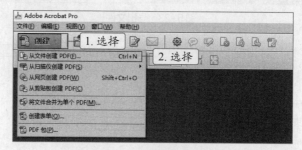，在打开的下拉列表中选择"从文件创建PDF"选项，如图5-26所示。

图5-26　选择"从文件创建PDF"选项

（5）在打开的"打开"对话框中选择需要转换的文件（素材所在位置：素材文件\项目五\任务二\手机远程办公环境的搭建.docx），单击　打开(O)　按钮，如图5-27所示。

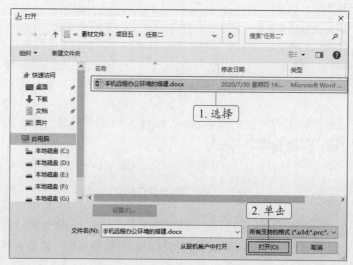

图5-27　选择需要转换的文件

（6）开始转换文档，转换完成后可查看转换后的PDF文档效果，如图5-28所示。然后按【Ctrl+S】组合键将文档保存（效果所在位置：效果文件\项目五\任务二\手机远程办公环境的搭建.pdf）。

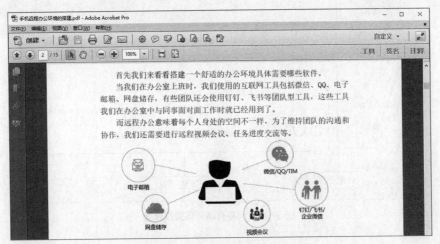

图5-28　转换后的PDF文档效果

任务三　使用网易有道词典即时翻译文档

对于经常需要阅读英文文件或是正在学习英语的用户来说，英汉词典是日常工作和生活中的必备品。网易有道词典是计算机中即时翻译的必备工具，它是网易有道推出的与词典相关的服务与软件，基于有道搜索引擎后台的海量网页数据以及自然语言处理中的数据挖掘技术，集合了大量中文与外语的并行语句，通过网络服务及桌面软件的方式让用户方便地查询。

一、任务目标

使用网易有道词典进行单词的查询与即时翻译，主要练习词典查询、屏幕取词与划词释义翻译、添加生词等操作。通过本任务的学习，读者可以掌握网易有道词典的基本操作方法。

二、相关知识

网易有道词典是一款集成了中、英、日、韩、法多语种的专业词典，可以翻译字、词、句乃至整段文章，其中集成了TTS全程化语音技术，可以查询标准的读音。目前网易有道词典已经有多个版本，包括桌面版、手机版、Pad版、网页版、有道词典离线版、Mac版及各个浏览器插件的版本。

启动网易有道词典，打开其操作界面，如图5-29所示。该操作界面主要由功能选项卡、搜索栏和信息显示区组成。

- **功能选项卡**：包括"词典""翻译""单词本""文档翻译""同传""人工翻译""精品课"选项卡，在对应的界面中分别实现相应功能。
- **搜索栏**：用于搜索和查询词句的翻译内容。
- **信息显示区**：用于显示功能选项卡的操作界面和网易有道词典的信息内容。

图5-29 网易有道词典操作界面

三、任务实施

（一）词典查询

词典查询作为网易有道词典的核心功能，具有智能索引、查词条、查词组、模糊查词和相关词扩展等功能。此外，词典查询还可以通过软件默认设置的通用词典进行查找。下面通过网易有道词典查询"academic"的含义，具体操作如下。

（1）启动网易有道词典，打开网易有道词典操作界面。

（2）在"词典"选项卡中的搜索框中输入要查询的单词，此处输入"academic"，如图5-30所示，然后单击  按钮。

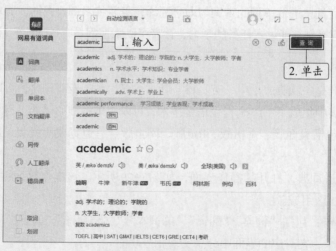

图5-30 输入要查询的单词

（3）在打开的界面中显示"academic"的详细解释，如图5-31所示。

图 5-31 单词详解

更多查询结果

在单词详细解释的下方单击"牛津""新牛津""韦氏""柯林斯""例句""百科"选项，可以得到更加权威的结果，以及单词相关的例句和百科释义。

（二）取词与划词

网易有道词典界面左侧选项卡下方设置有"取词"和"划词"复选框，一般情况下，用户在第一次启动网易有道词典时，这两个复选框都是默认选中的。取词是指使用网易有道词典对屏幕中的单词进行即时翻译；划词是指使用网易有道词典翻译鼠标选择的词组或句子。下面使用网易有道词典进行取词和划词，具体操作如下。

微课视频

取词与划词

（1）启动网易有道词典，然后打开一篇英文文档，将鼠标指针移动到需要解释的单词上，如"describes"，此时在打开的窗格中显示该单词的释义，将鼠标指针移到该窗格中将显示工具栏，如图5-32所示。

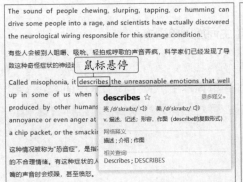

图 5-32 取词

（2）在文档中拖动鼠标选择需要翻译的句子，当鼠标停止选取时，网易有道词典将自动显示该句的释义，如图5-33所示。

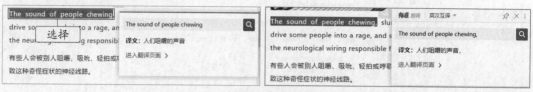

图5-33 划词

（三）翻译

网易有道词典提供了强大的翻译功能，不仅可以自动翻译文字、句子，还可以进行人工翻译。下面使用翻译功能翻译句子，具体操作如下。

（1）启动网易有道词典，单击"翻译"选项卡，在界面上方的文本框中输入要翻译的文本（中文或者外文）。

（2）输入完毕，网易有道词典将自动翻译文本，在界面下方的文本框中可以查看翻译的内容，如图5-34所示。

微课视频

翻译

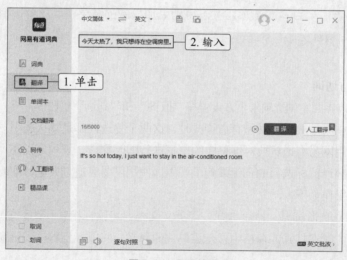

图5-34 翻译结果

知识补充

将生词加入单词本

网易有道词典还提供了单词本功能，当用户遇到生词时，单击"加入单词本"按钮☆可将生词添加到单词本中。将生词加入单词本后，用鼠标左键单击"加入单词本"按钮☆可对生词进行编辑；用鼠标右键单击"加入单词本"按钮☆可对生词进行快速分组。

实训一 使用腾讯文档制作简历并分享

【实训要求】

简历又称履历表，是对个人学历、经历、特长、爱好及其他有关情况所做的简明扼要的书面介绍。简历是有针对性的自我介绍的一种规范化、逻辑化的书面表达。对于应聘者来说，简历是求职的"敲门砖"。本实训将使用腾讯文档制作简历并分享给好友。

微课视频

使用腾讯文档制作简历并分享

【实训思路】

本实训将通过腾讯文档实现，首先启动并登录腾讯文档，并在腾讯文档中新建一个在线文档，用户可以新建空白模板制作简历内容，也可以选择腾讯文档模板库中的简历模板，然后直接更改内容，最后将简历分享给好友，其操作过程如图5-35所示。

图5-35 使用腾讯文档制作简历并分享的操作过程

【步骤提示】

（1）启动并登录腾讯文档，在界面左侧单击 +新建 按钮，在打开的下拉列表中选择"在线文档"选项。

（2）在打开的"选取模板"窗口中挑选需要的模板。

（3）在模板中根据个人实际情况编辑简历模板中的内容。

（4）制作完成，在界面右上角单击 分享 按钮，打开"分享在线文档"对话框，单击其中的 仅我可查看▼ 按钮设置文档权限。

（5）权限设置完毕，在"分享到"栏下方选择以QQ、微信、链接、二维码的形式对文档进行分享。

实训二 使用网易有道词典练习英汉互译

【实训要求】

在利用网易有道词典进行英汉互译操作时，如果只查找某一个单词的解释，那么可以使用网易有道词典的取词功能；如果要对某段文字或全文进行翻译，则可以使用网易有道词典的全文翻译功能。下面使用网易有道词典翻译素材文件中的"时间是什么"文本文档（素材所在位置：素材文件/项目五/实训二/时间是什么.txt）。

微课视频

使用网易有道词典
练习英汉互译

【实训思路】

本实训可运用前面所学的使用网易有道词典即时翻译的知识来进行操作。首先在网易有道词典中输入需要翻译的文本，选择翻译语言后，即可进行翻译。翻译完成后，用户可根据实际需要将翻译结果复制并粘贴到其他地方。

【步骤提示】

（1）打开"时间是什么.txt"文本文档，复制全部内容。

（2）启动网易有道词典，单击"翻译"选项卡，在界面上方的文本框中粘贴"时间是什么"的内容，界面下方的文本框将自动显示文本翻译结果。

（3）复制译文文本框中的内容，粘贴到另一个记事本文档中。

课后练习

练习1：使用腾讯文档制作通知并将其分享

在网上搜索通知的书写格式，然后在腾讯文档制作通知，制作完成后将其分享给好友。

练习2：将Word文档转换为PDF文档并压缩

练习使用Adobe Acrobat将"产品代理协议.docx"文档转换为PDF格式的文件，然后使用WinRAR软件压缩PDF文档。

操作要求如下。

● 启动Adobe Acrobat软件，通过软件将"产品代理协议.docx"（素材所在位置：素材文件\项目五\课后练习\产品代理协议.docx）文档转换为PDF格式。

● 使用WinRAR软件压缩PDF文档并删除原PDF文档，需在"压缩文件名和参数"对话框中单击选中"压缩后删除源文件"复选框。

练习3：翻译英文文章

在网上搜索一篇英文文章，然后启动网易有道词典，将其翻译为中文，再在词典中开启取词和划词功能，对某些关键英文词句进行查看翻译，对文章进行适当修改。

技巧提升

1. 使用腾讯文档导入本地文件

用户除了可以使用腾讯文档在线编辑文档外，还可以把编辑好的文档导入腾讯文档中，方便其他好友一起编辑，具体操作如下。

（1）启动腾讯文档，在界面左边单击 **＋新建** 按钮，在打开的下拉列表中选择"导入本地文件"选项。

（2）打开"打开文件"对话框，选择要导入的文件，单击 **打开(O)** 按钮，如图5-36所示。

（3）开始导入，界面右下方会显示导入进度，如图5-37所示，导入完成后即可对其进行编辑或分享。

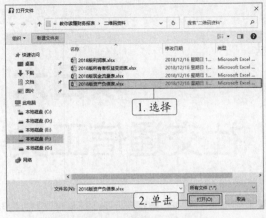

图5-36 选择要导入的文件

图5-37 导入进度

2. 为PDF文档添加批注

在Word文档中，用户可以使用加粗、标记颜色、输入备注文字等方式做标记。PDF文档无法进行这些操作，但是可以利用Adobe Acrobat的"批注"功能，进行简单的标记。其操作方法为：启动Adobe Acrobat，打开PDF文档，在要添加批注的地方单击工具栏中的"添加批注"按钮，在打开的批注框中输入文本，如图5-38所示。

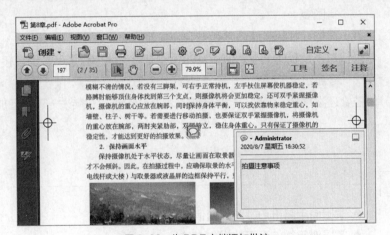

图5-38 为PDF文档添加批注

PART 6

项目六
社交通信工具

情景导入

老洪：米拉，你去查看下公司的邮箱里有没有什么重要的邮件。

米拉：我已经看过了，重要的文件也已经下载下来了，我一会儿把文件用U盘拷给你。

老洪：不需要拷给我，你可以使用QQ的文件助手传给我，如果我不在，直接使用离线传送就行了，记得在微信上给我说一下。另外，部门微信群今天晚上八点会通知周末的团建活动，你要记得查看，收到之后记得回复。

米拉：好的，收到微信消息我一定会立即回复的。

老洪：对了，我昨天在微博上发的企业宣传微博你看了吗？现在转发量都已经超过一万了。

米拉：还没来得及看呢，转发量这么高！我得赶紧去转发一下，增加曝光量。

学习目标

- 掌握使用腾讯QQ即时通信的操作方法
- 掌握使用微信聊天的操作方法
- 掌握使用微博进行互动的方法

技能目标

- 能使用腾讯QQ进行添加好友、交流信息、传送文件等操作
- 能使用微信进行文字交流和文件传输等操作
- 能使用微博进行关注、点赞、评论、转发等操作

素质目标

- 塑造良好的个人形象，注意行为举止，培养高度的社会责任感

任务一　使用QQ即时通信

腾讯QQ（以下简称QQ）是深圳市腾讯计算机系统有限公司（以下简称"腾讯公司"）开发的一款基于Internet的即时通信软件。QQ支持在线聊天、视频聊天、语音聊天、点对点断点续传文件、共享文件、网络硬盘、自定义面板、QQ邮箱等多种功能，并可与移动通信终端等多种通信方式相连。QQ已经有上亿在线用户，是中国目前使用比较广泛的即时通信软件。

一、任务目标

首先登录账号，然后添加好友，最后与好友进行信息交流和传送文件。通过本任务的学习，用户可以掌握QQ的使用方法。

二、相关知识

即时通信软件是一种基于Internet的即时交流软件，最初的即时通信软件是由3个以色列人开发的，命名为ICQ，也称网络寻呼机。即时通信软件使得用户可以通过Internet随时与另外一个在线用户交谈，甚至可以通过视频看到对方的实时图像。

使用QQ进行即时通信交流，需先申请一个QQ号码，QQ号码的申请分为付费和免费两种形式，除非有特殊要求，一般申请免费的QQ号码即可。

三、任务实施

（一）登录QQ并添加好友

登录QQ后，将日常好友或同事、客户等添加为好友，就可以在QQ中通信。下面登录QQ并添加好友，具体操作如下。

微课视频

登录QQ并添加好友

（1）启动QQ软件，在登录界面输入账号和登录密码，单击 登录 按钮，如图6-1所示。

（2）登录后，在QQ操作界面下方单击"加好友"按钮，打开"查找"对话框，在"查找"文本框中输入同事或客户的QQ账号，按【Enter】键查找，在下方的界面中将显示搜索到的QQ账号，单击 +好友 按钮，如图6-2所示。

图6-1　登录QQ

图6-2　查找、添加好友

（3）在打开对话框的"请输入验证信息"文本框中输入验证信息，一般来说，只有注明自己的身份，被添加者才会确认添加，单击 下一步 按钮，如图6-3所示。

（4）在打开对话框的"备注姓名"文本框中输入对方的备注信息，然后单击"新建分组"

超链接，在打开对话框的"分组名称"文本框中输入分组名称，此处输入"客户"，单击 确定 按钮，再单击 下一步 按钮，如图6-4所示。

图6-3　输入验证信息

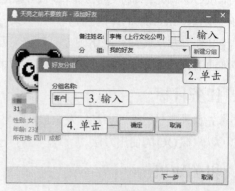

图6-4　好友分组

（5）请求发出后，如果对方在线并同意添加好友，则会收到已成功添加好友的提示信息，此时在QQ操作界面的"客户"组中可查看刚刚添加的QQ好友。

操作提示

自动登录与记住密码

在登录界面单击选中☑ 自动登录复选框，启动计算机进入系统后将自动登录QQ，单击选中☑ 记住密码复选框，将记住账号的密码。

（二）信息交流

QQ最重要的功能是与好友进行信息交流，在日常生活与工作中，这种方式非常便捷，并且是免费的。添加好友后，便可与其进行信息交流，具体操作如下。

微课视频

信息交流

（1）在QQ的"联系人"界面中双击某个好友选项，如图6-5所示。

（2）打开QQ对话窗口，在下方文本框中输入内容，然后单击 发送(S) 按钮发送信息，如图6-6所示。

图6-5　打开QQ对话窗口

图6-6　发送消息

（3）发送的信息将显示在上方的窗格中，对方回复信息后，内容将同样显示在上方的窗格中，如图6-7所示。

（4）为了使对话的氛围轻松，可单击QQ对话窗口工具栏中的"选择表情"按钮😊，在打开的列表框选择需要的表情图标并发送，如图6-8所示。

图6-7 查看接收的信息

图6-8 发送表情

（5）在聊天时，有时需要通过截图说明内容，首先打开要截图的文件窗口或网页等，然后在工具栏中单击"截图"按钮✂，拖动鼠标选择截图范围，如图6-9所示。单击 ✓完成 按钮或双击截图区域，将图片添加到文本框中，如图6-10所示，单击 发送(S) 按钮发送。

图6-9 截图

图6-10 发送截图图片

视频通话和语音通话

单击对话窗口上方的"发起视频通话"按钮📹，打开"视频通话"窗口，在等待的同时会向好友发送一个视频邀请。若好友向自己发送视频邀请，只需单击 接听 按钮即可通过视频直接与之交流。单击对话窗口上方的"发起语音通话"按钮📞，便能与好友进行语音交流。语音通话和视频通话的区别是：语音通话没有图像，占用的网络资源和内存更少，适合没有摄像头或不能使用视频的环境。

（三）发送文件

除了使用QQ进行文字信息交流外，还可以发送文件。在发送文件时，如果需要发送整个文件夹，可先使用压缩软件压缩文件，然后发送该压缩文件。下面使用QQ发送文件，具体操作如下。

（1）在QQ对话框窗口将鼠标指针移至"传送文件"按钮，在打开的列表中选择"发送文件"选项，如图6-11所示。

（2）在打开的"打开"对话框中选择要发送的文件，单击 打开(O) 按钮，如图6-12所示，添加发送文件。对方接收后，在上方窗格中将显示文件发送和接收成功的信息，如图6-13所示。

图6-11 发送文件　　　　图6-12 添加发送文件　　　　图6-13 发送成功

（3）当好友发来文件后，在"传送文件"窗格中单击"另存为"超链接，在打开的"另存为"对话框中选择文件保存位置，单击 保存(S) 按钮接收文件，如图6-14所示。

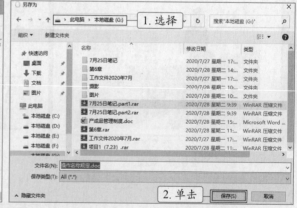

图6-14 接收文件

操作提示

按快捷键发送信息

在QQ对话窗口的工具栏中单击 发送(S) 按钮右侧的下拉按钮，在打开的下拉列表中选择"按Enter键发送消息"选项或"按Ctrl+Enter键发送消息"选项，可以按【Enter】键或【Ctrl+Enter】组合键发送消息。

离线传送文件

如果好友不在线上，无法单击"接收"或"另存为"超链接及时接收文件，发送者可单击进度条下方的"转离线发送"超链接，将要传送的文件上传至服务器暂时保存。好友下次登录QQ时，系统会自动以消息的形式提示，好友只需单击消息图标打开对话窗口，单击其中的超链接即可接收文件，也可以通过"文件助手"下载离线文件。

（四）远程协助

在日常工作中如遇到不懂的操作，可通过QQ发送远程协助请求，邀请好友通过网络远程控制自己的计算机系统，由对方对系统进行操作，同时，也可接受好友的远程协助请求，控制好友的计算机进行操作。下面在QQ中邀请好友协助办公，具体操作如下。

微课视频
远程协助

（1）将鼠标指针移动到QQ对话窗口上方的 ... 按钮上，再将鼠标指针移动到展开"远程桌面"按钮 上，在打开的下拉列表中选择"邀请对方远程协助"选项，如图6-15所示。

（2）对方接受邀请后，在对方的QQ对话窗口中会显示自己的系统桌面，好友可操作自己的系统，如图6-16所示。如果请求控制对方计算机，待对方接受邀请后，在自己的QQ对话窗口中会显示对方的计算机系统桌面，然后可操作对方的系统。

105

图6-15 发送邀请

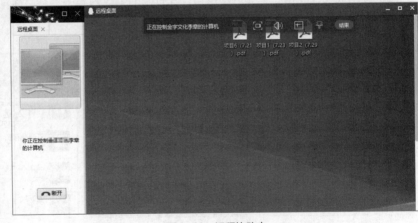

图6-16 远程协助中

任务二 使用微信即时通信

微信是大多数用户都很熟悉的一款软件，它和QQ的功能类似，超过10亿人正在使用，其不仅支持发送文字和语音，还可以发送视频、图片和文件。

一、任务目标

使用微信即时聊天和传输文件。通过本任务的学习，用户可以掌握微信的基本操作。

二、相关知识

微信是腾讯公司于2011年1月21日推出的为智能终端提供即时通信服务的免费社交软件。其支持跨通信运营商、跨操作系统平台，通过网络免费（需消耗少量网络流量）快速发送语音、视频、图片和文字消息。微信提供公众平台、朋友圈、消息推送等功能，用户可以通过"摇一摇""搜索号码""附近的人"和扫二维码等方式添加好友，还可以将内容分享给好友以及将自己看到的精彩内容分享到微信朋友圈。

微信包括手机端、PC端和网页端等，一般来说，使用手机端微信的用户较多，因此下面介绍手机端微信的相关操作。

三、任务实施

（一）登录并添加好友

要想在微信中通信，用户首先要登录微信，然后将日常好友或同事、客户等添加为好友。下面介绍登录微信并添加好友的操作方法，具体操作如下。

微课视频

登录并添加好友

（1）启动微信，在登录界面可以选择使用手机号、微信号、QQ号或邮箱登录。此处选择手机号登录，在文本框中输入手机号，点击 下一步 按钮，在打开的界面中输入微信密码（若记不得密码可以选择用短信验证码登录），然后点击 登录 按钮即可，如图6-17所示。

（2）登录成功，点击右上角的⊕按钮，在打开的下拉列表中选择"添加朋友"选项，如图6-18所示。

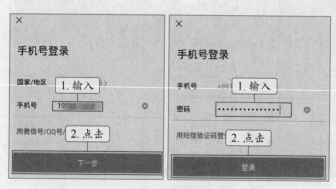

图6-17　登录微信

图6-18　添加朋友

（3）进入"添加朋友"界面，点击界面上方的搜索栏，如图6-19所示，在其中输入微信号或手机号搜索。

（4）在打开的界面中将显示搜索到的用户，点击 添加到通讯录 按钮，如图6-20所示。

（5）进入"申请添加好友"界面，在"发送添加朋友申请"文本框中输入申请信息，然后在"设置备注"下的文本框输入对方的备注信息，其他保持默认状态，最后点击 发送 按钮，如图6-21所示。

（6）请求发出，如果对方同意，则会收到一个系统消息提示已成功添加，如图6-22所示。

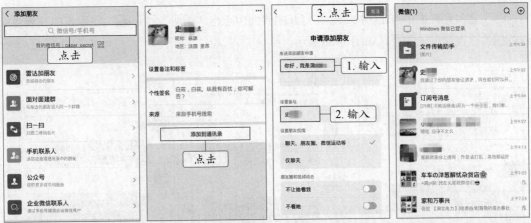

| 图6-19 搜索号码 | 图6-20 开始添加 | 图6-21 发送申请 | 图6-22 添加成功 |

（二）即时聊天

通过微信，用户可以即时聊天，其方法与使用QQ即时聊天相似，通过微信可以发送文字、图片以及进行视频通话、语音通话等，具体操作如下。

微课视频

即时聊天

（1）启动微信，在界面下方点击"通讯录"按钮，在通讯录微信好友列表栏中选择要发送消息的好友选项，在打开的界面中点击 ◯ 发消息按钮，如图6-23所示。

（2）打开微信好友对话界面，在文本框中输入对话内容，点击 发送 按钮即可发送消息，如图6-24所示。

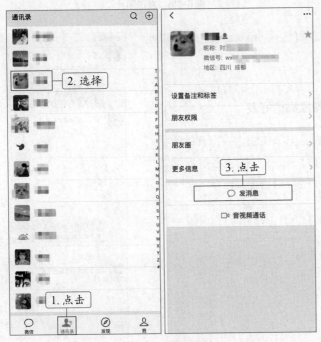

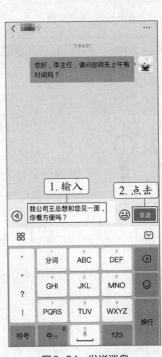

| 图6-23 选择好友 | 图6-24 发送消息 |

（3）在对话界面中点击"表情"按钮😀，在打开的下拉列表中可选择并发送表情，如图6-25所示。

（4）在对话界面中点击⊕按钮，在打开的界面中点击"相册"按钮🖼️，在手机中找到要发送的图片或视频发送即可，如图6-26所示。

图6-25　发送表情

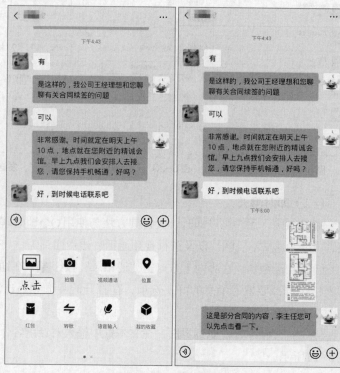

图6-26　发送图片

（5）点击对话界面中的◎按钮，再按住 按住 说话 按钮，可以给对方发送语音消息，如图6-27所示。

搜索微信好友

点击微信界面上方🔍按钮，在打开的界面的搜索框中输入微信账号、备注名等搜索好友，可以快速打开微信对话窗口。

图6-27　发送语音

视频通话与语音通话

与QQ类似，在微信中也可以与对方进行视频通话或语音通话。发起语音通话的方法为：在对话界面中点击⊕按钮，在打开的界面中点击"视频通话"按钮■◢，然后在打开的界面中选择"视频通话"选项，如图6-28所示。

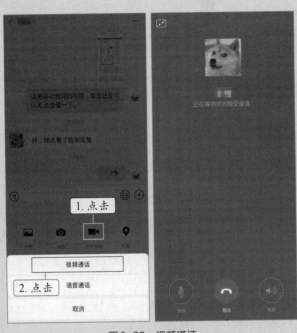

图6-28　视频通话

（三）文件传输

QQ可以传输文件，微信同样也可以，下面通过微信发送文件，具体操作如下。

（1）在好友对话界面中点击⊕按钮，在打开的界面中用手指向左滑动，点击"文件"按钮■，如图6-29所示。

（2）打开"微信文件"界面，在其中选择要发送的文件，点击 发送(1/9) 按钮，如图6-30所示。

（3）打开"发送给"对话框，在其中可以给对方留言，此处不留言，直接点击 发送 按钮，如图6-31所示。

（4）文件发送完毕，在对话界面中将显示发送的文件，如图6-32所示。

微课视频

文件传输

图6-29　点击"文件"按钮

图6-30　选择文件

图6-31　确认发送

图6-32　发送完毕

任务三　使用微博进行互动

　　微博是一个通过关注机制分享简短实时信息的广播式社交网络平台，是目前用户使用较多的平台。微博具有随时发布信息、信息快速传播、实时搜索等特点，因此吸引了大量的活跃用户。

一、任务目标

　　通过微博进行互动，包括关注他人，发布微博，点赞、评论、转发和收藏他人发布的微博等。通过本任务的学习，用户可以掌握微博的基本操作。

二、相关知识

　　微博是新媒体时代的社交工具之一，具有平民化、碎片化、交互化、病毒化传播的特征，这也使其成为人们生活中重要的社交工具。在微博上，用户可以使用文字、图片、视频、音频等多种媒体形式，实现信息的及时分享、传播和互动。微博具有特色鲜明的传播模式与特征，微博用户只需注册一个账号，就可以在网页端或手机端发布和接收微博信息，缩短了信息从发布到接收的路径和时间。图6-33所示为网页端和手机端微博的操作界面。

　　下载启动微博后，第一次使用微博的用户需要注册微博账号，注册后，使用手机号码或账号密码登录即可。如果不想注册登录，也可以以游客的身份进入微博浏览观看，但是许多操作会受到限制。

三、任务实施

（一）关注他人微博账号

　　与微信、QQ不同，在微博中添加好友是通过关注的形式。用户不仅可以关注好友、同事、客户等，还可以关注明星、名人，以及一些你感兴趣的博主。用户在微博中关注他人微博账号以后，就能在第一时间看到其发布的微博。两个微博用户之间可以结成互相关注的关系，也称为"互粉"。在微博中关注他人微博账号的具体操作如下。

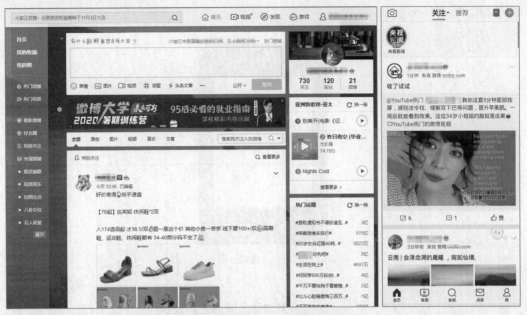

图6-33　网页端和手机端微博操作界面

（1）启动并登录微博，点击界面下方的"我"按钮👤，进入"我"界面，如图6-34所示。

（2）点击界面左上角的👥按钮，进入"发现用户"界面，在该界面可以寻找自己感兴趣的或想要关注的微博账号。例如，要关注搞笑博主"微博搞笑排行榜"，需要点击界面顶部的搜索框，在其中输入微博昵称"微博搞笑排行榜"，然后微博会精确查找并显示与之相关的博主，找到需要关注的博主后，点击其昵称后的[+关注]按钮，如图6-35所示。

图6-34　"我"界面

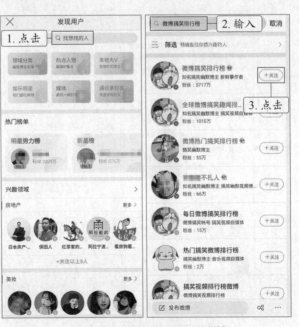

图6-35　搜索寻找要关注的微博

（3）在打开的"选择分组"界面中对关注的微博进行分组，此处保持默认状态，然后点击

保存 按钮，如图6-36所示。

图6-36　选择分组

关注他人微博的其他操作

想要关注他人微博，用户也可以点击操作界面下方的"发现"按钮 ◎，打开界面顶部的搜索框，在搜索框中输入微博昵称，然后点击找到的博主，进入该博主的微博主页，点击左下角的 +关注 按钮即可，如图6-37所示。需要注意的是，微博中很多博主的昵称非常类似，用户在不知道确切的昵称前，可以进入博主的微博主页查看其认证信息以及发布的微博内容等，确认其是否是自己想要关注的账号。

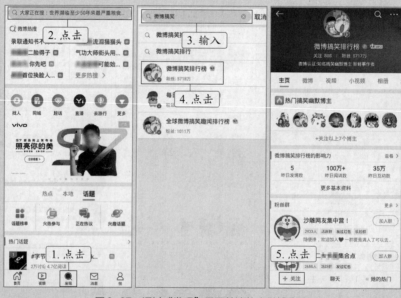

图6-37　通过"发现"界面关注他人微博账号

发现用户

　　微博将平台中的博主划分为了多种类别，包括搞笑幽默、美食、动漫、综艺节目、运动健身、娱乐明星、旅游、摄影、母婴育儿、媒体等。用户可以在"发现用户"界面中浏览并关注不同类别的博主。

（二）发布微博

　　在微博中，用户可以随时随地发布微博，发布的微博可以以文字、图片、视频等形式呈现。下面通过手机端发布一条微博，具体操作如下。

　　（1）启动微博，点击"首页"界面右上角的⊕按钮，在打开的下拉列表中选择"写微博"选项，如图6-38所示。

微课视频
发布微博

　　（2）进入"发微博"界面，在界面中间的空白处输入想要发布的文本，如此处输入"绿阴幕定蔚蓝天，庭户萧然有漏仙。"，如图6-39所示。

图6-38　"写微博"

图6-39　输入文字内容

　　（3）点击界面下方的▣按钮，在微博中添加图片。微博会打开用户的手机相册，选择要添加的图片，然后点击下一步按钮，如图6-40所示。

　　（4）点击界面下方的☺按钮，在微博中添加表情，添加表情后的微博如图6-41所示。

　　（5）点击界面右上角的发送按钮，发布微博。

"发微博"界面下方的其他按钮

　　"发微博"界面下方还有◉、@、井、GIF等按钮。点击◉按钮可以在微博中添加实地位置；点击@按钮可以提醒特定的微博用户看到此微博；点击井按钮可以在微博中添加话题，如#美食#；点击GIF按钮可以在微博中添加动图。

图6-40　选择图片

图6-41　发布微博

查看自己发布的微博

发布微博后，用户可以查看自己发布的微博，方法为：点击界面中的"我"按钮，在打开的"我"界面上方可看到自己发布的微博数量、关注数量和粉丝数量，点击按钮，可在打开的界面中查看自己发布的全部微博，如图6-42所示。

图6-42　查看自己发布的微博

（三）点赞、评论、转发微博

要想在微博中和他人互动，可以对其发布的微博进行点赞、评论和转发，具体操作如下。

（1）启动微博，浏览自己感兴趣的内容，点击某条微博下方的"赞"按钮，即表示对该微博进行了点赞操作，如图6-43所示。点赞后，👍按钮会从白色变为橘色。

（2）进入"微博正文"界面，点击界面下方的"评论"按钮💬，在打开界面的输入框中输入评论内容，输入完毕点击"发送"按钮，即对该微博进行评论，如图6-44所示。

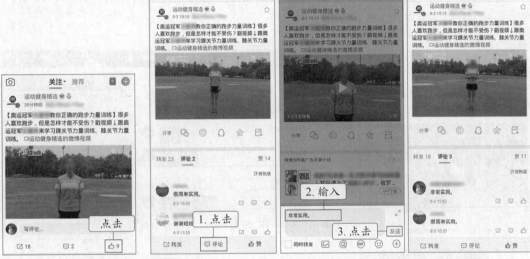

图6-43　点赞　　　　　　　　　　　　图6-44　评论

（3）点击"转发"按钮，在打开的列表中选择"转发"选项，进入"转发微博"界面，在该界面中转发时可以输入自己的评价或想法（也可以不输入），然后点击右上角的"发送"按钮，即对该微博进行转发，如图6-45所示。

图6-45　转发

实训一　使用QQ与好友聊天

【实训要求】

微课视频

使用QQ与
好友聊天

使用聊天工具软件QQ与好友聊天。通过本实训的操作可以熟悉QQ的操作方法。

【实训思路】

本实训的操作思路如图6-46所示，先以扫描二维码方式登录到QQ，然后与好友进行文字聊天，最后传送文件。

图6-46　使用QQ聊天操作思路

【步骤提示】

（1）双击桌面的快捷图标 ，打开QQ的登录窗口，单击窗口右下角的 按钮。

（2）在手机上打开QQ扫描二维码进行登录，然后双击好友头像，并在聊天窗口中输入相应文字。

（3）发送聊天信息，然后添加文件并传送。

实训二　使用微信发送图片

【实训要求】

微课视频

使用微信将图片发送给好友。通过本实训的操作可以进一步巩固使用微信的基本方法。

使用微信发送图片

【实训思路】

搜索好友，打开对话界面，进行信息交流并发送图片。图6-47所示为其对话内容。

【步骤提示】

（1）登录微信，在搜索框中输入"安妮"，搜索到好友后，选择好友。

（2）打开好友对话界面，在文本框中输入文字内容，单击 按钮，在打开的界面中点击

"相册"按钮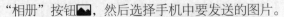，然后选择手机中要发送的图片。

（3）查看好友回复信息，继续进行会话。

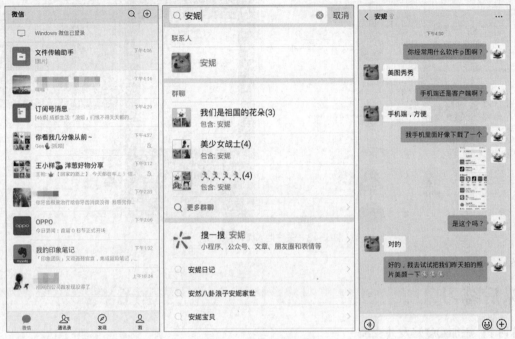

图6-47 使用微信发送图片

实训三 关注他人微博并点赞、评论

【实训要求】

使用微博关注用户感兴趣的博主，并进行点赞、评论操作。通过本实训的操作可以进一步巩固使用微博与他人互动的基本知识。

【实训思路】

本实训的操作思路如图6-48所示，先打开微博搜索感兴趣的博主进行关注，然后进入其微博主页，找到其发布的微博，点赞、评论。

微课视频

关注他人微博
并点赞、评论

【步骤提示】

（1）启动微博，点击界面下方的"我"按钮，进入"我"界面。

（2）点击界面左上角的按钮，进入"发现用户"界面，在该界面中寻找自己感兴趣的或想要关注的微博账号。

（3）选择界面上方的"媒体"选项，进入"媒体"界面。

（4）点击博主"香蕉视频"后的 +关注 按钮，在打开的"选择分组"界面中点击选中"视频音乐"后的复选框，然后点击 保存 按钮，关注博主"香蕉视频"。

（5）点击进入博主"香蕉视频"的微博主页，浏览其发布的微博，然后点赞、评论。

图6-48 关注他人微博并点赞、评论

课后练习

练习1：添加QQ好友并交流

登录QQ，添加好友进行语言交流并发送文件。操作要求如下。

- 输入账号和密码登录QQ，查找并添加好友。
- 双击好友头像，进入聊天窗口，向好友发送消息并邀请好友进行视频通话。
- 向好友发送离线文件。

练习2：使用微信给好友发送视频通话

试着使用微信与好友进行视频通话。

练习3：关注微博"人民日报"账号并点赞、评论

在微博中关注博主"人民日报"，并对其发布的微博进行点赞、评论。

技巧提升

1. 查看QQ消息记录

使用QQ同时与很多好友交流时，难免会忘记交流的重点内容，此时用户可以打开与好友交流的QQ对话窗口，在输入文本框上方单击 ⏱ 按钮，打开"消息记录"窗口，查看与该好友近期交谈的内容。

2. 使用微信查阅公众号文章

在微信中，用户可以方便地查看微信公众号信息，方法为：启动微信，在界面下方点击"通讯录"按钮■，在通讯录列表中选择"公众号"选项，在打开"公众号"界面中选择要查看的公众号即可，此处选择"财税解读"公众号，如图6-49所示。

图6-49　使用微信查阅公众号文章

PART 7

项目七
智能移动办公工具

情景导入

米拉：老洪，我明天要去接待客户，早上不能到公司打卡怎么办？需要跟人事部门报备一下吗？

老洪：不用，你在手机上下载钉钉，我邀请你加入企业，然后你在钉钉上打卡就行了。另外，别忘了参加下午3点的会议！

米拉：啊？下午3点！那时候我还在高铁上呢？赶不回来参加呀！

老洪：没事，这次的会议是在腾讯会议上进行的视频会议，你将腾讯会议下载下来，在高铁上也可以开会。这次的会议非常重要，会议记录和一些项目资料你可得好好收集整理一下。

米拉：那我还得带上笔记本和笔，我的行李又要增重了。

老洪：没那么麻烦，你使用印象笔记就可以轻松收集、整理会议记录、项目资料等，它还内置清单功能，帮你更直观便捷地管理工作任务及待办事项。

学习目标

- 掌握使用钉钉办公的方法
- 掌握使用印象笔记办公的方法
- 掌握使用腾讯会议办公的方法

技能目标

- 能使用钉钉创建企业/团队/组织、考勤打卡等
- 能使用印象笔记新建笔记、创建待办事项等
- 能使用腾讯会议进行会议协作

素质目标

- 了解移动办公新技术，提高工作效率，注重团队协作能力与沟通能力

任务一 使用钉钉办公

钉钉是国内领先的智能移动办公平台，由阿里巴巴网络技术有限公司（以下简称"阿里巴巴"）开发，免费提供给所有国内企业，用于商务沟通和工作协同。钉钉代表一种"新工作方式"，不仅能够实现组织在线、沟通在线、协同在线、业务在线，服务企业内部的沟通协调，还能实现企业运营环境中的整体生态改造，为企业提供一站式智能办公体验。

一、任务目标

使用钉钉办公，提高沟通和协同效率，主要练习创建企业/组织/团队、考勤打卡、设置全员群、开通企业办公支付服务等操作。

二、相关知识

钉钉由阿里巴巴于2014年1月筹划启动，由阿里巴巴来往产品团队打造，支持iOS、Android、Windows、Mac四大平台。用户在手机上下载并打开钉钉，点击界面下方的注册帐号按钮，在打开的界面中输入手机号码即可注册并登录钉钉。

三、任务实施

（一）创建企业/团队/组织

用户使用手机登录钉钉后，就可以开始创建企业/组织/团队了。下面在钉钉创建企业/团队/组织，具体操作如下。

（1）登录钉钉后，点击下方的"通讯录"按钮，打开"通讯录"界面，选择界面中的"创建企业/组织/团队"选项，如图7-1所示。

（2）打开"创建企业/组织/团队"界面，在企业/组织/团队名称下输入真实名称，然后选择"行业类型"选项，在打开的"所在行业"界面中选择企业/组织/团队所属的行业，此处选择"文体/娱乐/传媒"栏下的"文化艺术业"选项，如图7-2所示，再按照相同的方法设置其他信息，最终效果如图7-3所示。

图7-1 "通讯录"界面

图7-2 选择行业类型

图7-3 完善企业/组织/团队信息

微课视频

创建企业/团队/组织

（3）点击 [下一步] 按钮，进入添加成员界面，点击界面中的 [查看可能认识的成员] 按钮，钉钉会通过用户的公开信息和手机通讯录联系人，寻找可能认识的成员。用户点击成员姓名后的 [邀请] 按钮，钉钉即通过短信的方式邀请成员，添加成员完毕，点击下方的 [完成] 按钮即可完成创建，如图7-4所示。

图7-4　添加可能认识的成员

添加成员的其他方式

操作提示

　　若不想让钉钉查看自己的手机通讯录，用户还可以通过微信邀请、二维码邀请、钉钉内邀请等多种方式添加成员，当然也可以手动添加成员，如图7-5所示。

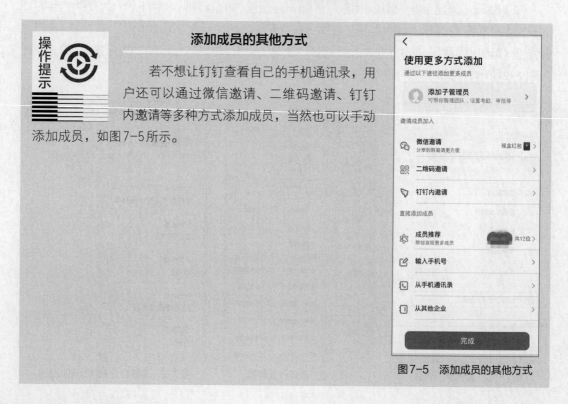

图7-5　添加成员的其他方式

（二）考勤打卡

通过钉钉的考勤打卡功能，管理者可以实时查看成员的出勤情况，方便统一管理。一般来说，创建企业／组织／团队后，钉钉会自动为其设置考勤规则，用户可以修改或者新增考勤组。下面在钉钉中新增考勤组，具体操作如下。

（1）在钉钉工作台界面点击"考勤打卡"图标 ◎ ，进入企业／组织／团队的考勤打卡界面，点击下方的"设置"按钮 ✿ ，进入设置界面，然后点击"新增考勤组"按钮 ➕ ，如图7-6所示。

（2）进入"新增考勤组"界面，点击"参与考勤人员"后的 ➕ 按钮，进入"参与考勤人员"界面，在其中添加考勤组中的考勤人员。

（3）点击"考勤组名称"后的 ❯ 按钮，进入"考勤组名称"界面，输入考勤组的名称"金字文化"。

（4）返回"新增考勤组"界面，点击"考勤类型"后的 ❯ 按钮，在打开的界面中选择考勤类型，此处点击选中"固定时间上下班"单选项，如图7-7所示。

（5）返回"新增考勤组"界面，点击"考勤时间"后的 ▷ 按钮，进入"考勤时间"界面，点击"星期"栏中的 一 二 三 四 五 六 选项设置工作日。点击"上下班时间"后的 ▷ 按钮，进入"请选择班次"界面，点击 ➕ 新增班次 按钮，在打开"新增班次"界面中设置员工每天打卡次数为"2次"，上班打卡为"8:30"，下班打卡为"17:30"，午休开始为"12:00"，午休结束为"13:30"，如图7-8所示，设置完毕，点击 保存 按钮，在打开的界面中选择"立即生效"选项。

图7-6 新增考勤组

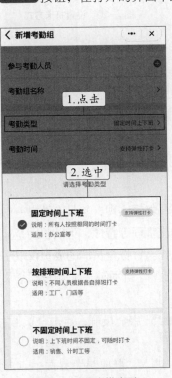

图7-7 设置考勤类型

图7-8 新增班次

（6）返回"请选择班次"界面，点击选中"金字文化"单选项，单击 确定 按钮完成上下班时间设置，返回"考勤时间"界面，完成考勤时间的设置，如图7-9所示。

（7）返回"新增考勤组"界面，点击"打卡方式"后的▷按钮，进入"打卡方式"界面，点击"地点打卡"后的▷按钮，在打开的界面中设置允许打卡范围为"200米"，点击 ⊕ 添加 按钮根据手机定位设置考勤地点，如图7-10所示。

（8）返回"新增考勤组"界面，考勤规则设置完毕，如图7-11所示，点击 保存 按钮，在打开的界面中选择"立即生效"选项完成考勤打卡的设置。

图7-9 设置考勤时间

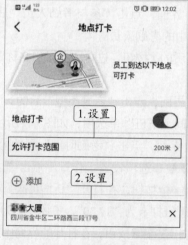

图7-10 设置打卡方式

图7-11 设置完毕

知识补充

加班规则和外勤打卡

除了设置考勤组的成员、名称、类型、时间和打卡方式外，用户还可以设置加班规则和外勤打卡，点击"设置"栏下的相应按钮，即可一一设置。

（三）设置全员群

钉钉的即时聊天主要通过全员群来实现，其具有消息一触即达、身份和信息双重安全保障、群聊可精细化管理等特性，可以帮助企业实现工作沟通与生活聊天分离，让员工专注工作。钉钉全员群的成员仅限于企业成员，入职成员自动入群，离职成员自动退群。下面在钉钉中设置全员群，具体操作如下。

微课视频

设置全员群

（1）团队创建完成后，默认会开启全员群，点击全员群右上方的···按钮，进入全员群的设置界面，如图7-12所示。

（2）选择"群成员"选项，进入"群成员"界面，点击 查看"成都████有限公司"全员组织架构 ▷ 按钮，在打开的界面中点击 去补全 ▷ 按钮，完善公司组织架构（未补全公司组织架构的，首次进入时需要完善），如图7-13所示。一般来说，钉钉会根据企业所在行业预设可能的部门，打

开设置部门的界面后，点击界面中部门后的 [编辑] 按钮可重命名或删除该部门，点击界面中的
[⊕ 添加新部门] 按钮可以添加部门，完善部门后的效果如图7-14所示。

图7-12　全员群的设置界面

图7-13　完善公司组织架构

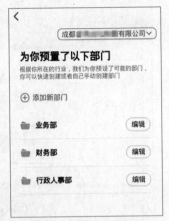

图7-14　公司部门

（3）设置好公司部门后，点击界面下方的 [　　完成　　] 按钮，在打开的界面中添加部门主管，此处需要将"廖某"设置为业务部的主管，点击"业务部"下方的 [👤 添加主管] 按钮，在打开的"设置部门主管"界面中点击选中"廖某"单选项，如图7-15所示，最后点击"确定"按钮完成设置。按照同样的方法设置其他部门的部门主管，设置完成后的效果如图7-16所示，最后点击 [　　完成　　] 按钮完成设置。

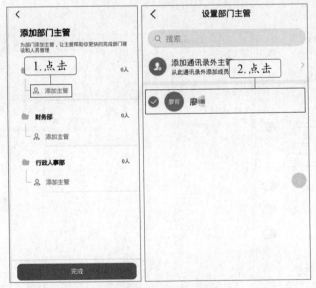

图7-15　设置业务部主管

图7-16　部门主管设置完毕

（4）返回全员群主界面，在对话界面中输入要发送的内容，点击[发送]按钮，在对话界面中可看到未读消息的人数，此处有两个人未读消息，点击[2人未读]按钮，如图7-17所示。

（5）进入"消息接收人列表"界面，点击下方 [　DING一下　] 按钮，在打开的界面中选择要提醒的成员，然后点击下方的[确认提醒(2)]按钮，在打开的界面中选择提醒的方式，此处选择

"短信提醒"选项（钉钉将以短信的形式提醒成员查看消息），如图7-18所示。

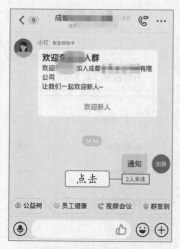

图7-17　发送消息

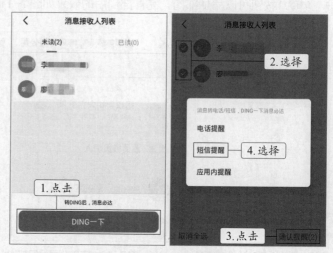

图7-18　提醒成员查看消息

（6）返回群对话界面，长按要撤回的已发送消息，在打开的界面中单击"撤回"按钮，可以撤回24小时内发送的消息，如图7-19所示。

（7）点击全员群右上方的 按钮，进入全员群的设置界面，选择"群管理"选项，进入"群管理"界面，点击"设置群内禁言"后的 按钮，打开"设置群内禁言"页面，可对成员进行禁言，如此处要将全员禁言，点击"全员禁言"选项后的 按钮即可。禁言后，群对话界面中出现"该群开启了全员禁言"提示信息，如图7-20所示。

图7-19　撤回消息

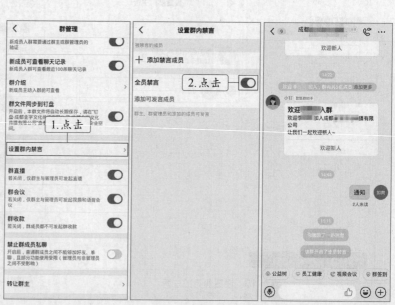

图7-20　设置禁言

（四）开通企业办公支付服务

钉钉的企业办公支付是由阿里巴巴出品，钉钉及支付宝联合推出，高效智能的一站式安全支付服务。开通企业办公支付服务后，可以实现企业的人、财、物、事在线一体化管理，企业报销支付和员工提现均不需要支付手续费，从而节省费用。下面在钉钉中开通企业办公支付服务，具体步骤如下。

（1）点击钉钉工作台界面"其他应用"栏右侧的 ⊞更多应用 按钮，在打开的界面的搜索框中输入"支付宝"，在查找结果中选择"支付宝"选项，如图7-21所示。

图7-21　搜索"支付宝"应用

（2）进入产品详情界面，点击右下方的 免费开通 按钮，在打开的界面下方点击 同意授权并开通 按钮，进入快速开通界面，点击下方的 同意协议并开通 按钮即开通成功，如图7-22所示。

图7-22　授权并开通"支付宝"应用

（3）开通成功后应先设置财务成员，在"设置财务人员"界面中点击 从企业选人 按钮，进入"指定财务人员"界面，在其中选择企业的财务人员，然后返回"设置财务人员"界面，点击 下一步 按钮，如图7-23所示；接着选择可支付的审批模板，此处点击报销后的 按钮，然后点击 下一步 按钮，如图7-24所示。

（4）打开"添加账号"界面，点击界面中的 同意协议并添加 按钮，完成开通企业办公支付服务的操作，如图7-25所示。需要说明的是，钉钉的企业办公支付服务支持添加多个支付宝账号，企业和个人支付宝账号均可。

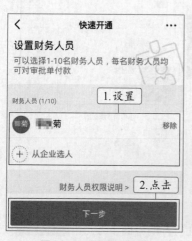

图7-23 设置财务成员

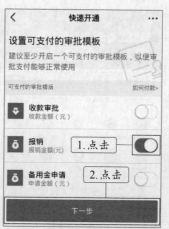

图7-24 设置可支付的审批模板

图7-25 添加账号

任务二 使用印象笔记办公

俗话说"好记性不如烂笔头"，在阅读和听讲时经常需要记笔记。在日常办公时，有关工作的信息和数据很多，仅仅依靠大脑是无法记住所有信息的，因此需要记笔记。但是，在现代企业中，使用纸笔来记录的传统方式会导致工作效率低下，因此使用笔记类软件就成了大多数人的选择，其中著名的效率软件和知识管理工具——印象笔记成为了很多职场人士的首选。

一、任务目标

使用印象笔记来办公，主要练习新建笔记、分享笔记、移动笔记、创建待办事项并设置提醒等工作中常用的操作。通过本任务的学习，用户可以掌握使用印象笔记进行高效办公的方法。

二、相关知识

印象笔记源于2008年正式发布的多功能笔记类应用——Evernote，它是一款知名度比较高的笔记软件。印象笔记支持所有的主流平台和系统，用户可以在手机、电脑、平板等多种设备间无缝同步每日见闻、灵感等，可以帮助用户一站式完成信息的手机备份、高效记录、分享、多端同步和永久保存。下载并打开印象笔记后，使用手机号码注册即可登录。图7-26所示为印象笔记的手机端界面。

对于职场人士来说，印象笔记是一款非常强大的提高办公效率的软件，可以让工作井井有条，总的来说，其功能亮点主要包括如下几个方面。

图7-26 印象笔记的手机端界面

- **信息收集**。印象笔记可以集中收藏来自微信、微博等的优质内容，使用剪藏功能还可以剪藏网页的图文内容。用户可以拍照扫描书籍、纸张、板书和名片等，实现信息的数字化保存，使用光学字符识别（Optical Character Recognition，OCR）文字识别功能，还可以识别并保存图片中的文字。
- **高效记录**。使用笔记本组和标签，可以打造用户自己的专属知识库，笔记支持插入Word、Excel、PowerPoint、PDF、音频、图片等常见文件。
- **团队分享与协作**。用户可以通过微信、微博等方式与同事分享笔记内容，实现与团队共享笔记和笔记本，还可以建立工作群聊，帮助团队围绕笔记进行讨论，快速推进项目，满足团队一对多、多对一、多对多的信息同步需求。
- **任务清单**。在印象笔记中可以创建清单，管理日常工作待办事项，保持专注与高效。
- **员工管理**。印象笔记支持一键邀请成员、一键离职，简化人事流程。管理员还可集中控制文件复制、下载、导出等操作，实现批量删除、批量更改标签、批量更改共享状态，概览团队所有笔记，对团队资料了然于胸。

三、任务实施

（一）新建笔记

使用印象笔记能够快速记录高价值的工作信息，下面在印象笔记中新建笔记，具体操作如下。

微课视频

新建笔记

（1）打开印象笔记，点击屏幕中心的⊕图标按钮，在打开的列表中选择"文字笔记"选项，如图7-27所示。

（2）进入编辑界面，在"笔记标题"文本框中输入"青海之旅"，然后点击标题下方的⊟工作∨按钮，进入"移动1条笔记"界面，点击右上角的⊡按钮新建笔记本，在打开的界面中输入笔记本名称，此处输入"旅行"，然后点击 好 按钮，如图7-28所示。

图7-27 新建笔记

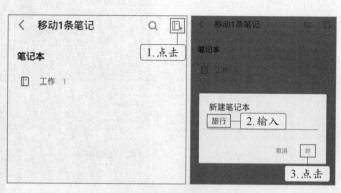

图7-28 新建笔记本

（3）开始在编辑区域输入笔记内容，图7-29所示为笔记的完整内容，完成后点击界面左上角的√按钮保存笔记。

添加附件

用户在编辑笔记内容时，还可以为笔记添加相册、文件、视频文件、录音文件等附件。例如，添加图片的方法为：点击笔记编辑界面中的 按钮，在打开的界面中选择"相册"选项，然后在手机相册中选择要添加的图片，点击√按钮即可，如图7-30所示。

图7-29 保存新建的笔记

图7-30 为笔记添加附件

（二）分享笔记

在工作中很多项目都需要需要和同事协作完成，使用印象笔记的分享功能可以分享各种工作资料，实现良好的协作办公。下面在印象笔记中分享笔记，具体操作如下。

微课视频

分享笔记

（1）打开印象笔记，选择打开"会议纪要"笔记，点击笔记界面上方的 ∞ 按钮，在打开的界面中选择分享的方式，此处选择"微信好友"选项，如图7-31所示。

（2）进入微信，在其中选择要分享的联系人，然后点击界面右上方的 确定(1) 按钮开始分享，如图7-32所示。

（3）打开"发送给："界面，可以在其中的文本框中输入相关信息给好友留言，此处不留言，然后点击 发送 按钮，如图7-33所示。

（4）发送成功，在对话框中，笔记会以小程序的方式分享给好友，对方点击小程序进入印象笔记后可查看笔记内容。

图7-31 分享笔记

图7-32 选择联系人

图7-33 确认发送

（三）移动笔记

在使用印象笔记记录各种内容时，如果用户没有做好分类工作，可能会存在笔记和笔记本不符的问题。为了使笔记记录条理清晰，笔记本界面简洁，可以通过移动笔记来整理笔记本。下面在印象笔记中移动笔记，具体操作如下。

微课视频

移动笔记

（1）打开印象笔记，在首页中点击 ▤ 全部笔记▾ 按钮，进入"切换笔记列表"界面，在其中选择笔记本，此处选择"工作"选项，如图7-34所示。

（2）切换笔记本成功，界面中将显示"工作"笔记本中的所有笔记，可以看到与工作无关的笔记也在其中。点击界面右上角的 ⋮ 按钮，在打开的下拉列表中选择"选择笔记"选项，如图7-35所示。

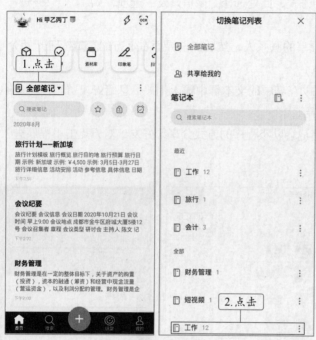

图7-34　切换笔记本

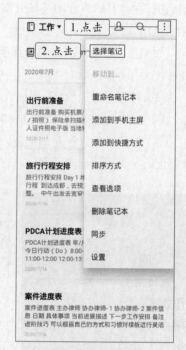

图7-35　选择笔记

（3）选择"出行前准备""旅行行程安排"笔记，点击界面左下角的"移动"按钮 ▣，如图7-36所示。

（4）进入"移动2条笔记"界面，选择"旅行"选项，将笔记移动到"旅行"笔记本中，如图7-37所示。

（5）移动成功，切换到"旅行"笔记本，在其中可查看刚刚移动的两条笔记，如图7-38所示。

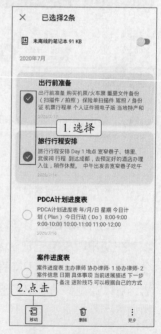

图7-36　选择移动笔记

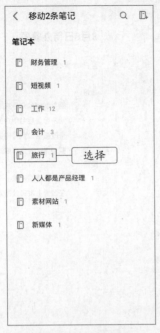

图7-37 选择笔记本

图7-38 移动完成

（四）创建待办事项并设置提醒

日常工作中需要待处理的任务有时会比较多，如果有所遗漏就会降低工作效率，严重的还会给公司带来不可挽回的损失。使用印象笔记创建代办事项并设置提醒，可以清晰地知晓亟待解决的工作事项，帮助用户按时完成工作。下面在印象笔记中创建待办事项和笔记提醒，具体操作如下。

微课视频

创建待办事项
并设置提醒

（1）打开印象笔记，点击屏幕中心的 图标按钮，在打开的列表中选择"文字笔记"选项。

（2）进入编辑界面，在"笔记标题"文本框中输入"8月8日待办事项"，然后点击标题下方的 工作 按钮，进入"移动1条笔记"界面，点击右上角的 按钮新建笔记本（也可以不新建笔记本，直接在默认的笔记本中创建），在打开的界面中输入笔记本名称，此处输入"待办事项"文本，然后点击 好 按钮，如图7-39所示。

（3）返回笔记编辑区域，开始输入内容。在输入某一待办事项前，点击界面下方工具栏中的 按钮，印象笔记会自动添加一个复选框，如图7-40所示。

（4）图7-41所示为输入待办事项后的笔记，完成工作任务之后，在笔记中找到相应事项并点击选中对应复选框，即表示该任务已完成。

（5）点击 按钮，在打开的下拉列表中选择"设置日期"选项，如图7-42所示。

（6）打开日历，在其中选择相应的提醒日期和时间，此处将提醒时间设置为"2020年8月8日下午5:30"，然后点击 保存 按钮完成设置，如图7-43所示。

（7）提醒设置完成，返回笔记编辑界面，点击界面左上角的 ✔ 按钮保存笔记，如图7-44所示。

图7-39　新建待办事项

图7-40　添加复选框

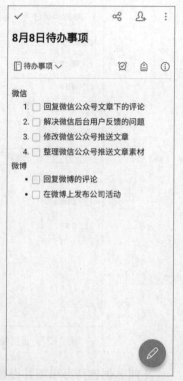

图7-41　输入待办事项后的笔记

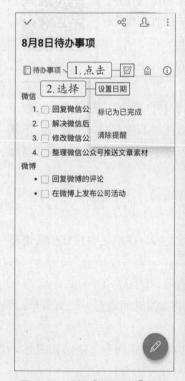

图7-42　选择"设置日期"选项

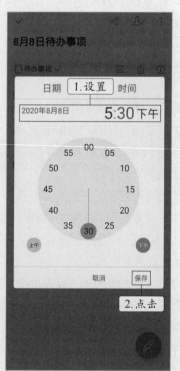

图7-43　设置日期和时间

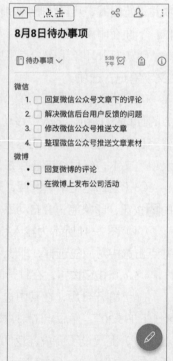

图7-44　保存笔记

关于创建待办事项的补充说明

　　用户如果对待办事项的创建有更复杂的需求，比如及时追踪工作项目进展、查看特定事项的负责人，或使用多个笔记本管理工作事项，可以按照以下方法输入待办事项。首先对待办事项进行分类，可以按工作事项所处的状态分类，如待办、执行中、已完成，或者按照项目或客户名称分类，如业务通讯或李磊，或者按照团队成员名称分类，如肖潇、陈文等；然后按照各个分类分别创建标签；最后按照工作进度及时更新待办事项的状态。

任务三　使用腾讯会议办公

　　腾讯会议是腾讯云旗下的音/视频会议产品，是一款非常好用的远程会议软件，对于现代企业的远程办公来说十分重要。使用腾讯会议办公，可以真正改变企业以往的传统办公模式，让办公成员实现在线开会。

一、任务目标

　　使用腾讯会议进行远程办公，主要练习注册并登录腾讯会议、加入腾讯会议、创建快速会议、创建预定会议等操作。通过本任务的学习，用户可以掌握使用腾讯会议进行会议协作的方法。

二、相关知识

　　腾讯会议基于腾讯21年音/视频通信方面的经验，并依托于腾讯简单易用、高清流畅、安全可靠的云会议协作平台，于2019年12月底上线。

（一）腾讯会议的界面

　　腾讯会议的界面非常清爽，操作也比较简单，具有300人在线会议、全平台一键接入、音/视频智能降噪、美颜、背景虚化、锁定会议、添加屏幕水印等功能，图7-45所示为手机端腾讯会议的界面。使用腾讯会议，用户可以随时随地、秒级入会，从而提高会议效率，实现移动办公、跨企业开会。

　　腾讯会议操作界面提供了一系列操作按钮，这些按钮可以协助进行会议控制，下面对这些按钮进行介绍。

- **"静音/解除静音"按钮** ：用于静音或者取消静音。
- **"开启/停止视频"按钮** ：用于开启或关闭摄像头。
- **"共享屏幕"按钮** ：用于把屏幕的显示内容分享给其他人。用户点击"共享屏幕"后，可快速发起共享，但是在同一时间内，只支持单人共享屏幕。用户共享屏幕后，屏幕共享菜单会在3s后进入沉浸模式，自动隐藏在顶部，点击屏幕可将其唤出。
- **"管理成员"按钮** ：通过该按钮可以查看当前成员列表，如果用户是主持人，还可以对成员进行管理，从而控制会场纪律，如设置全体静音、成员入会时静音、成员进入时播放提示音等操作。

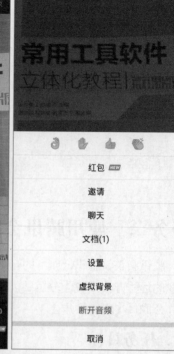

图7-45　手机端腾讯会议的界面

- **"更多"按钮▄▄▄：** 单击"更多"按钮▄▄▄可以在打开的列表中选择"红包""邀请""聊天""文档""设置""虚拟背景""断开音频"等选项。选择"红包"选项可以在会议中发送红包；选择"邀请"选项可以邀请新的成员；选择"聊天"选项可以打开聊天窗口；选择"文档"选项可以打开在线文档编辑界面；选择"设置"选项可以测试扬声器和麦克风；选择"虚拟背景"选项可以自行设置开会时的背景；选择"断开音频"选项可静音。

（二）腾讯会议的会议功能

腾讯会议主要提供了"加入会议""快速会议""预定会议"3个主要功能，其中"加入会议"比较容易理解，即会议的入口，主要用于参加他人组织发起的会议。下面介绍快速会议和预定会议。

- **快速会议：** 快速会议又称即时会议，利用该功能可以立即发起一个会议。快速会议不会在会议列表中展示，当用户离开会议后，不能在会议列表找到此会议，但用户可以在会议开始1小时内，通过输入会议号加入会议的方式再次回到此会议，当会议持续1小时后，若会议中无人，则系统主动结束该会议。

- **预定会议：** 预定会议是指填写预定信息后发起的比较正式的会议。用户预定会议时，需要填写预定信息，会议预定成功后，可同步到用户的日历日程中。用户可以在预定会议界面填写"会议主题""开始时间""结束时间""入会密码"等信息，并上传会议文档，在"会议列表"还可以查看今天以及今天以后的预定会议及会议号。当会议到达预定的"结束时间"时，系统不会强制结束用户的会议，所有已预定会议都可以保留30天的时间（以预定开始时间为起点），用户可以在30天内随时进入该会议。

三、任务实施

（一）注册并登录腾讯会议

使用腾讯会议进行远程开会，首先需要注册并登录，具体操作如下。

（1）在手机上下载腾讯会议后打开该软件，点击 注册/登录 按钮。

（2）进入账号密码登录页面，点击界面下方的"新用户注册"按钮，如图7-46所示。

微课视频

注册并登录
腾讯会议

（3）进入注册页，根据要求输入对应的信息，然后单击 完成 按钮，如图7-47所示。

（4）注册成功后，返回腾讯会议操作界面，在操作界面右侧点击 使用帐号密码登录> 按钮，在登录界面输入手机号码和注册时设置的密码，单击 登录 按钮登录，如图7-48所示。

图7-46 新用户注册   图7-47 注册完成

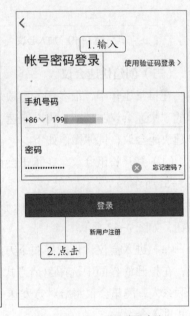

图7-48 登录腾讯会议

（二）加入腾讯会议

登录腾讯会议后，用户可以通过链接或会议号加入会议。通过链接加入会议比较简单，用户点击收到的邀请链接验证身份后，即可直接进入会议。下面讲解通过会议号进入会议的方法，具体操作如下。

微课视频

加入腾讯会议

（1）打开腾讯会议，在腾讯会议操作界面点击"加入会议"按钮 ，如图7-49所示。

（2）进入"加入会议"界面，在"会议号"数值框中输入9位会议号，在"您的名称"文本框中输入在会议中显示的名字（默认使用个人资料页的昵称），并设置相应的入会选项，点击 加入会议 按钮即可加入会议，如图7-50所示。

图7-49　加入会议

图7-50　"加入会议"界面

（三）创建快速会议

在日常工作中，很多任务事项是需要召开即时会议及时处理的，使用腾讯的"快速会议"功能，可以快速、立即发起一个会议。下面在腾讯会议中创建快速会议，具体操作如下。

微课视频

创建快速会议

（1）打开腾讯会议，在腾讯会议操作界面点击"快速会议"按钮 ，如图7-51所示。

（2）进入"快速会议"界面，设置是否开启视频、是否使用个人会议号，然后点击 进入会议 按钮，如图7-52所示。

（3）进入会议，点击界面下方的"管理成员"按钮 ，在打开的界面中点击下方的 邀请 按钮，在打开的界面中选择邀请方式，此处选择"微信"选项，如图7-53所示。进入微信中选择联系人，腾讯会议将给对方发送一个链接，对方点击链接可选择以"电话"或"小程序"等方式进入会议。

图7-51　点击"快速会议"按钮

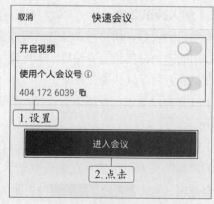

图7-52　"快速会议"界面

图7-53 邀请会议成员

创建预定会议

（四）创建预定会议

　　除了即时会议，在工作中比较正式的会议都是经过公司管理层集中决定，提前确定会议时间的。这种会议一般在会前都需要准备较多资料，成员们也需要提前了解会议有关的详细信息。在远程办公的情况下，要想召开偏正式的会议，可以通过腾讯会议的"预定会议"功能完成。下面在腾讯会议中创建预定会议，具体操作如下。

　　（1）打开腾讯会议，在腾讯会议操作界面点击"预定会议"按钮 。

　　（2）进入"预定会议"界面，设置详细的会议信息，填写完毕点击右上方的"完成"按钮，如图7-54所示。

　　（3）在弹出的界面中点击右上角的"添加"按钮，新建日程，如图7-55所示。

　　（4）进入"会议详情"界面，点击界面右侧的 按钮邀请参加会议的成员，在打开的界面中选择邀请方式，此处点击"QQ"选项，如图7-56所示。

图7-54 "预定会议"界面

图7-55　将会议同步到日历

图7-56　邀请会议成员

实训一　新增考勤组

【实训要求】

在钉钉中新增考勤组，参与考勤人员为"所有成员"，考勤组名称为"考勤打卡"，考勤类型为"固定时间上下班"，打卡方式为"Wi-Fi打卡"。通过本实训的操作可以进一步巩固使用钉钉进行考勤打卡的知识。

> 微课视频
>
> 新增考勤组

【实训思路】

先在钉钉中找到新增考勤组的入口，然后设置考勤组的人员、名称、类型、时间、打卡方式等，操作过程如图7-57所示。

【步骤提示】

（1）打开钉钉，在操作界面点击"考勤打卡"按钮◉，然后进入设置界面。

（2）进入"新增考勤组"界面，点击"参与考勤人员"后的⊕按钮，添加考勤组中的考勤人员。

（3）点击"考勤组名称"后的▷按钮，输入考勤组的名称。

（4）点击"考勤类型"后的▷按钮，设置考勤打卡的类型。

（5）点击"考勤时间"后的▷按钮，设置考勤打卡的时间。

（6）点击"打卡方式"后的▷按钮，设置考勤打卡的方式。

图7-57 新增考勤组的操作过程

实训二 预定腾讯会议

【实训要求】

使用腾讯会议预定一个时间为"2020年8月20日09:00—12:00"的会议。通过本实训的操作可以进一步熟悉预定腾讯会议的基本操作。

【实训思路】

启动腾讯会议后,先创建预定会议,然后设置详细的会议信息,最后邀请会议成员,操作过程如图7-58所示。

微课视频

预定腾讯会议

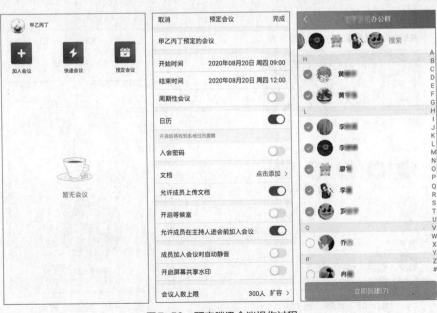

图7-58 预定腾讯会议操作过程

【步骤提示】

（1）启动腾讯会议，在操作界面点击"预定会议"按钮 。

（2）进入"预定会议"界面，设置详细的会议信息，如会议时间等。

（3）进入会议详情界面，点击界面右侧的 按钮邀请参加会议的成员。

课后练习

练习1：使用钉钉进行外勤打卡

打开钉钉，进行外勤打卡。

练习2：使用印象笔记写回顾笔记

工作结束时的回顾笔记是对自己工作成果的记录，写回顾可以反思，总结经验，吸取教训。尝试使用印象笔记写回顾笔记，回顾笔记内容，如工作进度、工作的困难点、工作的心得等。

练习3：使用腾讯会议创建快速会议

打开腾讯会议，创建一个快速会议，并以微信的形式邀请成员参加。

技巧提升

1. 使用钉钉的签到功能记录客户拜访记录

使用钉钉的签到功能可以记录企业的业务部门外出拜访客户的过程，如给客户打电话、拜访地址签到、撰写拜访记录等，记录跟进这些拜访客户的行为可以方便业务部门进行日常管理。使用钉钉签到功能的具体操作如下。

（1）打开钉钉，在操作界面中点击"签到"按钮 ，如图7-59所示。

（2）进入"签到"界面，在拜访对象栏中可点击 按钮，通过通讯录选择拜访对象，也可以直接输入所拜访对象的名称并签到，这样就可记录拜访客户的过程，如图7-60所示。

图7-59　开始签到

图7-60　"签到"界面

2. 顺利开展腾讯会议的方法

在创建腾讯会议时，如果成员不齐，或出现开会时发言人声音断断续续、有回音等问题，就会导致会议的效果不好，如何才能让腾讯会议顺利开展呢？下面从会前、会中、会后3个方面介绍顺利开展腾讯会议的方法。

（1）会前

● 提前让所有参会成员了解腾讯会议的功能、知晓会议时间、会议主题，提醒其准时上线参加会议。

● 提前进入腾讯会议，调试设备。

● 提醒参会成员在开会时应排除外界环境干扰，确保网络稳定，如果环境嘈杂，可以开静音或关闭摄像头。提醒需要发言的参会成员，要提前根据会议上传的文档格式准备好发言资料。

（2）会中

● 确定开展会议的目标，明确会议的主题。

● 提高效率，把握重点，避免长篇大论，及时阻止跑题。

● 做好会议记录。

（3）会后

● 及时把会议纪要发送给所有参会成员。

● 询问参会成员会议是否存在不明确、不清楚的地方。

PART 8

项目八
图形图像处理工具

情景导入

米拉：老洪，我需要从计算机中截取一张图片，该怎么操作？

老洪：推荐你使用Snagit，它是一款十分强大的截图软件，很简单，你用一下就明白了。

米拉：我计算机里有很多旅游的照片，拍摄效果不太好，可是我又舍不得删，该怎么办呢？

老洪：可以使用美图秀秀美化一下啊。

米拉：这样啊！老洪，我感觉最近记忆力下降得十分厉害，每次要做的事情转过头就忘记了，好害怕哪天就造成工作失误了。

老洪：你经常熬夜吧！晚上要早点休息，不过你可以试试用百度脑图做思维导图，这是一款非常好用的脑图编辑工具。

米拉：好的，看来我需要学习的东西还很多。

学习目标

- 掌握使用Snagit截取图片的方法
- 掌握使用美图秀秀美化图片的方法
- 掌握使用百度脑图制作思维导图的方法
- 掌握使用创客贴在线制作图片的方法

技能目标

- 能使用Snagit截取图片
- 能使用美图秀秀美化图片
- 能使用百度脑图制作思维导图
- 能使用创客贴制作微信公众号封面图、名片等

素质目标

- 培养审美意识，提升设计能力，勇于创新

任务一　使用Snagit截取图片

Snagit是一款强大的截图软件，除了拥有截图软件普遍具有的功能外，还可以捕获文本和视频图像，捕获后可以保存为BMP、PNG、PCX、TIF、GIF、JPEG等多种图片格式，或使用其自带的编辑器进行编辑、打印操作。

一、任务目标

使用Snagit截取图片，并通过使用预设捕获模式截图、新建捕获模式、编辑捕获的屏幕图片等操作练习截图方法。通过本任务的学习，用户可以掌握使用Snagit截取图片的基本操作方法。

二、相关知识

Snagit是一款优秀的抓图软件，和其他的捕获屏幕软件相比，其具有捕获种类多、捕获范围灵活、输出类型多，以及能简单处理图片等特点。启动Snagit，打开其操作界面，如图8-1所示。

图8-1　Snagit的操作界面

三、任务实施

（一）使用预设捕获模式截图

Snagit提供了多种预设的捕获模式，下面使用"多合一"捕获模式截图，具体操作如下。

（1）启动Snagit，进入其操作界面，在其下方的"捕获"栏下选择一种预设的捕获模式，此处选择"多合一"选项，然后单击界面右侧的"捕获"按钮●进行捕获。

微课视频

使用预设捕获模式截图

（2）此时屏幕出现一个黄色虚线边框和一组十字型黄色线条，其中黄色虚线边框用来捕获窗口，十字型黄色线条用来选择区域。此处将黄色虚线边框移至文件列表区边缘，如图8-2所示。

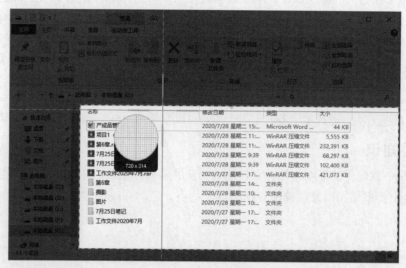

图8-2　捕获文件列表区图像

（3）确认捕获图像后，单击鼠标左键，自动打开"Snagit编辑器"窗口，并在界面中显示已捕获的图像，如图8-3所示，按【Ctrl+C】组合键复制图像，打开Word文档，按【Ctrl+V】组合键粘贴图像。

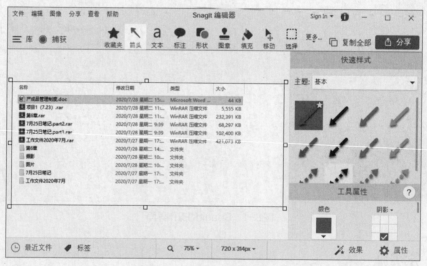

图8-3　"Snagit编辑器"窗口

（二）新建捕获模式

当预设的模式无法满足实际需求时，用户可以新建捕获模式并设置相应的快捷键。下面新建"窗口—文件"捕获模式，具体操作如下。

（1）启动Snagit，进入其操作界面，在界面下方单击 ➕▪ 按钮，在打开的下拉列表中选择"新建预设"选项，如图8-4所示。

微课视频

新建捕获模式

（2）打开"编辑预设"对话框，单击"图像"选项卡，再单击"选择"右侧的下拉按钮▼，在打开的下拉列表中选择捕获的类型，此处选择"窗口"选项，如图8-5所示。

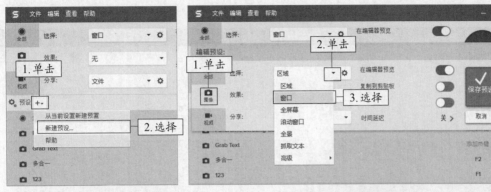

图8-4　选择"新建预设"选项　　　　　　　　　　图8-5　选择捕获类型

（3）单击"效果"右侧的下拉按钮▼，在打开的下拉列表中可以选择要应用的效果选项，如边框、阴影效果和缩放效果等，此处保持默认设置。

（4）单击"分享"右侧的下拉按钮▼，在打开的下拉列表中选择"文件"选项，如图8-6所示。

（5）单击"分享"右侧的✿按钮，在打开的对话框中单击"图像文件类型"右侧的下拉按钮▼，在打开的下拉列表中选择"JPG-JPEG图像"选项，其他保持默认设置，单击对话框右侧的✓按钮，如图8-7所示。

图8-6　选择分享类型

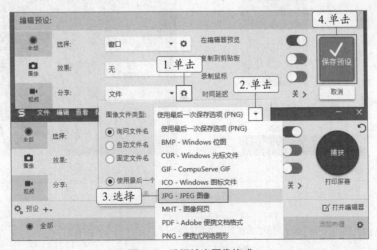

图8-7　选择输出图像格式

（6）完成预设模式的设置，"预设模式"栏下会新增一个名为"图像到文件"的捕获模式，用户可以更改其名称，此处保持默认，然后单击该捕获模式右侧的"添加热键"字段，按所需的键设置热键，此处设置为【F9】键，如图8-8所示。

图8-8　设置热键

（三）编辑捕获的屏幕图片

在"Snagit编辑器"窗口中可以对图像进行简单的编辑操作。下面编辑捕获的屏幕图片，旋转图片并修剪图片大小，具体操作如下。

微课视频

编辑捕获的屏幕图片

（1）捕获图片后打开"Snagit 编辑器"窗口，选择【图像】/【旋转】/【逆时针】菜单命令，旋转图片，如图8-9所示。

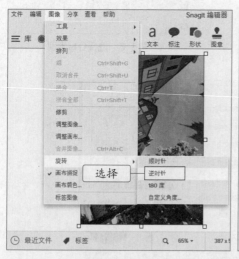

图8-9　旋转图片

（2）选择【图像】/【修剪】菜单命令，然后将鼠标指针移动至图片下方，变为修剪状态后，按住鼠标左键并向上拖动鼠标，修剪图片，如图8-10所示。

图8-10 修剪图片

任务二　使用美图秀秀美化图片

美图秀秀是一款免费的图片处理软件，具有图片特效、美容、拼图、场景、边框、饰品等功能，加上每天更新的精选素材，可以轻松做出影楼级照片，并且美图秀秀还具有分享功能，能够将照片一键分享到新浪微博、QQ空间，方便查看。

一、任务目标

使用美图秀秀进行美化图片、美容人像、添加装饰等操作。通过本任务的学习，用户可以掌握美图秀秀基本功能的应用。

二、相关知识

美图秀秀是目前最流行的图片处理软件之一，可以轻松美化照片，其功能强大全面，且易学易用。启动美图秀秀，进入其操作界面，该界面与一般工具软件相似，主要由功能选项卡、工具栏、工具箱和设置窗口等部分组成，如图8-11所示。

图8-11 美图秀秀操作界面

三、任务实施

（一）美化图片

美化图片是美图秀秀的基本功能，通过该功能可对图片进行基本调整，如旋转、裁剪等，也可以调整图片色彩和设置特效等。下面使用美图秀秀对"人物1.jpg"图片进行美化，具体操作如下。

微课视频

美化图片

（1）启动美图秀秀，在操作界面中单击"美化图片"选项卡，在打开的界面中单击 打开图片 按钮，如图8-12所示。

（2）打开"打开图片"对话框，选择"人物1.jpg"文件（素材所在位置：素材文件\项目八\任务二\人物1.jpg），单击 打开(O) 按钮，如图8-13所示。

图8-12　打开图片

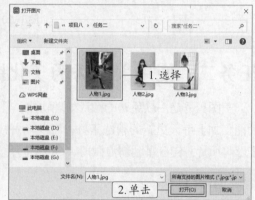

图8-13　选择图片素材

（3）在左侧的"特效滤镜"面板的"基础"选项卡中选择"去雾"选项，如图8-14所示。

（4）在"图片增强"栏中单击"增强"按钮，在打开的"增强"对话框中拖动鼠标调整"亮度""对比度""饱和度"和"清晰度"参数值，如图8-15所示。

图8-14　选择"去雾"选项

图8-15　调整"亮度""对比度""饱和度"和"清晰度"

（5）继续在"增强"对话框中拖动鼠标调整"色相""青-红""紫-绿""黄-蓝"参数值，如图8-16所示。

（6）完成美化后，在对话框中单击 对比 按钮，将显示美化前后的图片效果对比，用户可以根据对比图，确认美化效果是否满意，如图8-17所示，满意后单击 应用当前效果 按钮确认。

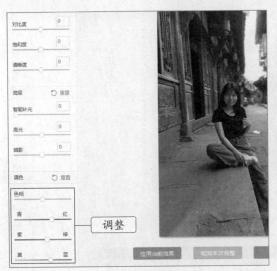

图8-16　调色

图8-17　查看效果对比

（7）单击界面右上角的 保存 按钮，打开"保存"对话框，在"保存路径"栏中单击选中"自定义"单选项，然后设置图片文件保存位置和名称，单击 保存 按钮即可（效果所在位置：效果文件\项目八\任务二\人物1.jpg）。

各种画笔

　　在美化图片时，用户还可以使用界面左侧的画笔工具，如使用涂鸦笔在图片上涂鸦，使用消除笔消除图片中的文字、使用魔幻笔绘制所需的图形或效果等。

（二）人像美容

　　美图秀秀的人像美容功能非常实用，通过简单操作便可对人像进行瘦身和调整人物脸部肤色等操作，使照片人物更加自然、美丽。下面使用美图秀秀对"人物2.jpg"脸部进行瘦脸处理，具体操作如下。

　　（1）打开图片"人物2.jpg"（素材所在位置：素材文件\项目八\任务二\人物2.jpg），单击"人像美容"选项卡，左侧面板中显示各种人像美容项目，如面部重塑、皮肤调整等，如图8-18所示。

　　（2）选择人像美容项目面板中"头部调整"栏下的"瘦脸瘦身"选项，打开"美型-瘦脸"对话框，放大显示图片，在右下角的缩略图中拖动选框，显示人物脸部，再分别拖动"笔触大小"和"力度"下方的滑块，然后将鼠标指针移动到图像的脸部，向内侧拖动鼠标，对脸

微课视频

人像美容

部进行处理，将人物的圆脸调整为瓜子脸，如图8-19所示。

图8-18　人像美容界面

图8-19　瘦脸

（3）完成瘦脸后，在图片显示窗口中单击 对比 按钮，查看对比效果，如图8-20所示，然后单击 应用当前效果 按钮应用美化效果，最后保存图片即可（效果所在位置：效果文件\项目八\任务二\人物2.jpg）。

（三）添加装饰

为了让图片更加绚丽多彩，可使用美图秀秀添加图片装饰，如饰品、文字和边框等。下面在"人物3.jpg"中添加装饰，具体操作如下。

图8-20　对比效果

（1）启动美图秀秀，打开图片"人物3.jpg"（素材所在位置：素材文件\项目八\任务二\人物3.jpg）。

（2）单击"文字"选项卡，在左侧的文字面板中选择文字装饰选项，此处选择"文字贴纸"选项，在右侧文字模板列表中选择需要的模板样式，再将其拖动到合适位置并设置相关参数，如图8-21所示。

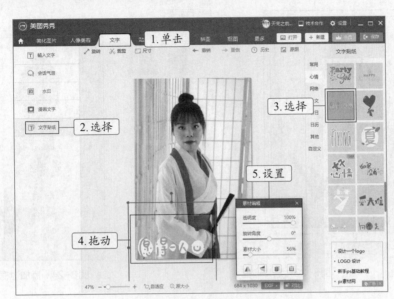

图8-21　添加文字贴纸

（3）单击"贴纸饰品"选项卡，在左侧的饰品面板中可以选择饰品选项，此处选择"炫彩水印"选项，在右侧素材面板中选择需要的饰品，然后将其拖动到合适位置，并在"素材编辑"对话框中设置"透明度""旋转角度"和"素材大小"等参数，如图8-22所示。

图8-22　添加饰品

（4）单击"边框"选项卡，单击"简单边框"选项卡，打开"边框"对话框，在右侧的边框列表中选择需要的样式选项，然后单击 应用当前效果 按钮应用效果，如图8-23所示，其效果如图8-24所示，最后单击界面右上角的 保存 按钮保存图片（效果所在位置：效果文件\项目八\任务二\人物3.jpg）。

图8-23 选择边框

图8-24 添加边框的效果

设置场景和拼图

在美图秀秀中，可以为图片设置场景，如可以为人像添加风景背景，用户只需打开图片并单击"更多"选项卡，即可在其中设置场景。另外，在美图秀秀中单击"拼图"选项卡，还可以选择多张图片进行拼图。

任务三　使用百度脑图制作思维导图

在互联网时代，碎片化的阅读习惯使得很多人的思维越来越碎片化，对很多事情难以形成系统的思考。思维若没有完整的逻辑链将不利于人们提高思考效率。百度脑图是一款在线思维导图编辑工具，用户可以用该工具建立思维导图，其不仅可以帮助用户系统地梳理知识，还有助于发散创意。

一、任务目标

使用百度脑图制作思维导图，包括新建脑图、共享脑图、导出脑图等操作。通过本任务的学习，用户可以掌握百度脑图的基本操作。

二、相关知识

百度脑图是一款免费的思维导图制作工具，通过百度脑图制作思维导图可以很好地提高用户的学习效率，更快地学习新知识与复习整合旧知识，激发用户的联想与创意，将各种零散的智慧、资源等融会贯通为一个系统。百度脑图具有免安装、云存储、易分享的特点，用户启动浏览器后搜索进入百度脑图官网，通过百度账号登录即可开始制作思维导图。

三、任务实施

（一）新建脑图

用户使用百度账号登录百度脑图后即可开始新建脑图，具体操作如下。

（1）登录百度脑图，在界面中单击 +新建脑图 按钮，如图8-25所示。

（2）进入"新建脑图"界面，在界面中间的"新建脑图"主题框上双击，输入脑图名称，此处输入"新媒体运营"文本，如图8-26所示。

图8-25 新建脑图

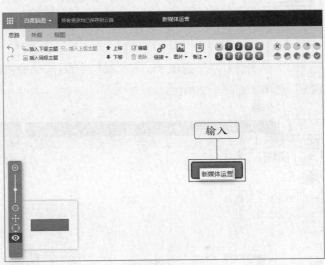

图8-26 输入名称

（3）单击 插入下级主题 按钮插入下一级主题，输入"新媒体用户运营"文本，如图8-27所示。

（4）单击"新媒体运营"主题框，使用同样的方法依次插入"新媒体产品运营""新媒体内容运营""新媒体活动运营"分支主题，效果如图8-28所示。

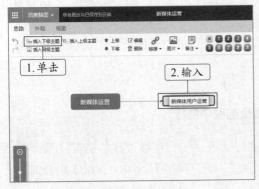

图8-27 插入下一级主题

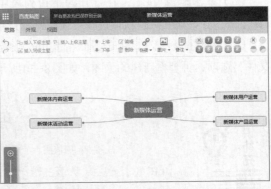

图8-28 插入其他分支主题

插入主题的其他操作

除了单击 插入下级主题按钮插入主题外，用户还可以在主题框上单击鼠标右键，在弹出的快捷菜单中选择相应的命令，如选择"下级"命令表示插入下一级主题，选择"同级"命令表示插入与主题框同级的主题。

"思路"选项卡下的工具栏

"思路"选项卡下的工具栏除了用于插入主题外，还包括上移、下移分支主题的位置，添加链接、图片和备注。另外，如果需要为主题框添加序号，还可以在工具栏中单击相应的数字按钮。

（5）单击"外观"选项卡，在工具栏中单击 按钮，在打开的下拉列表中选择"逻辑结构图"选项，如图8-29所示。

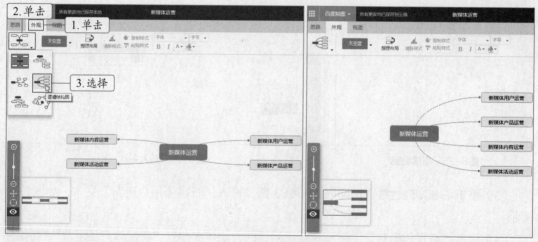

图8-29　更改脑图外观

（6）单击 天空蓝 按钮，在打开的下拉列表中可以选择颜色选项，如"文艺绿""清新红""泥土黄"等，此处保持默认选择"天空蓝"选项。

（7）新建脑图完毕，单击界面右上角的账号旁的 按钮，在打开的下拉列表中选择"我的文件"选项，可查看新建的脑图，如图8-30所示。

在百度脑图中换行

用户在制作脑图时，可能会经常遇到一行字数过多的情况，直接按【Enter】键会默认该主题已输入完成，而只有按【Shift+Enter】组合键才能在同一主题中换行。

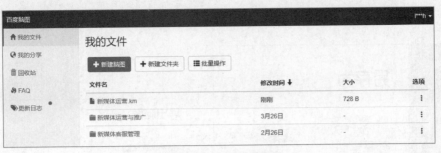

图8-30　查看新建的脑图

（二）共享脑图

脑图编辑好以后，还可以将其共享给其他人，具体操作如下。

（1）进入百度脑图，打开新建的脑图，单击界面左上角的 百度脑图▾ 按钮，在打开的界面中单击"共享"选项卡，然后选择界面右侧的"与人共享"选项，如图8-31所示。

（2）打开"分享脑图"对话框，单击 打开链接 按钮，然后单击 复制链接 按钮复制链接，即可将脑图的链接通过QQ、微信等方式共享给其他人，如图8-32所示。另外，如果想给链接设置有效期和密码，可以单击链接下方的 设置有效期 按钮，系统自动设置链接的有效期为5分钟，用户也可以自行设置有效期；单击 设置密码 按钮，软件自动生成链接的密码，用户也可以自行设置链接的密码。

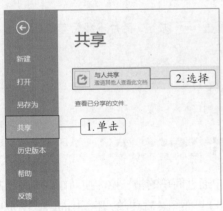

图8-31　共享脑图

图8-32　复制链接

（三）导出脑图

除了分享脑图外，用户还可以将制作的脑图导出到本地，支持的导出格式包括Kityminder格式（.km）、大纲文本（.txt）、Markdown/GFM格式（.md）、SVG矢量图（.svg）、PNG图片（.png）、Freemind格式（.mm）、XMind（.xmind）。下面将新建的"新媒体运营"脑图导出为PNG图片，具体操作如下。

（1）进入百度脑图，打开"新媒体运营"脑图，单击界面左上角的 百度脑图▾ 按钮，在打开的界面中单击"另存为"选项卡，然后在界面右侧选择"导出"选项，如图8-33所示。

（2）打开"导出脑图"对话框，选择"PNG图片（.png）"选项，如图8-34所示。

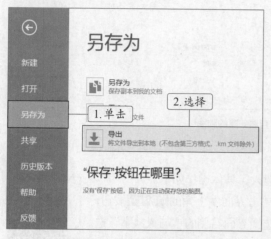

图8-33　选择"导出"选项

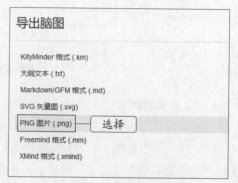

图8-34　选择导出脑图格式

（3）打开"新建下载任务"对话框，在其中设置保存名称和位置，此处保持默认设置不变，单击 下载 按钮。

（4）开始下载图片，图片下载完毕，在设置好的保存位置可看到导出的脑图。

直接打开脑图

在"新建下载任务"对话框中单击 直接打开 按钮，图片下载后会自动打开，用户可以将其插入Word等文件中使用。

任务四　使用创客贴在线制作图片

创客贴是一款极简好用的平面设计作图软件，用户通过简单的拖、拉、拽动作就能轻松制作出精美的图片，如名片、宣传海报、邀请函、公众号封面图、宣传单／册、Banner、网页广告、信息图表等。

一、任务目标

使用创客贴在线制作图片，包括制作微信公众号封面图、名片等。通过本任务的学习，用户可以掌握使用创客贴制作常用场景的图片。

二、相关知识

创客贴是一款多平台的极简图形编辑和平面设计工具，包括创客贴网页端、App端等，其中网页端支持在线设计创作，无须下载任何安装包。创客贴提供营销海报、新媒体配图、印刷物料、视频模板、办公文档、个性定制、社交生活、电商设计、原创插画等设计场景，内置了大量的免费设计模板，用户根据实际情况选择模板就可以轻松制作出精美的图片。另外，创客贴可以将用户的设计稿存储在云端，支持多人协作，可以邀请多人共同完成设计，还支持免费下载和分享设计文件。

启动浏览器，进入创客贴官网，单击右上角的 按钮，可使用微信、QQ、微博、企业微信、钉钉注册登录网站，其操作界面如图8-35所示。

图8-35 创客贴的操作界面

三、任务实施

（一）制作微信公众号封面图

微信公众号封面图主要用于占据视觉空间，使用户的视线快速聚集到图片上，吸引用户查看图片或下方的文章标题，从而提高文章的点击率和阅读量。下面使用创客贴制作某企业的微信公众号封面图，具体操作如下。

（1）进入创客贴官方网站，单击 免费使用 按钮，进入"设计工具"界面，单击"创建设计"选项卡，选择"我的场景"栏下的"公众号封面首图"选项，如图8-36所示。

微课视频

制作微信公众号
封面图

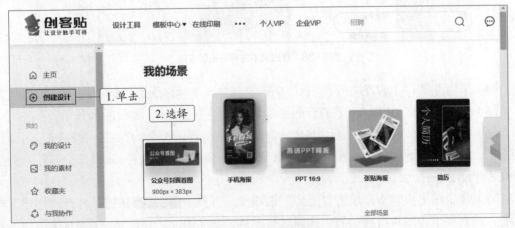

图8-36 开始设计制作

（2）进入"模板中心"界面，在其中选择喜欢的模板，此处选择第二行第一个模板选项，如图8-37所示。

图8-37　选择模板

（3）进入"设计页"界面，选择"秋风发微凉 寒蝉鸣我侧"文本，将其修改为"落叶知秋将美景留在手中"，单击工具栏中的 南橋正人 按钮，在打开的下拉列表中选择"庞门正道粗书体"选项，如图8-38所示。

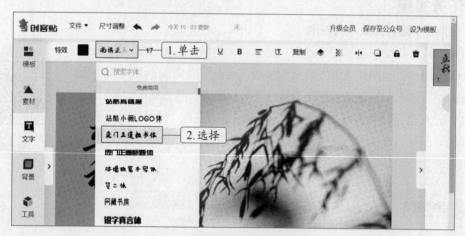

图8-38　修改文本内容并设置字体

（4）采用步骤（3）的方法将"立秋""节气"文本的字体修改为"庞门正道粗书体"。

（5）单击"背景"选项卡，在打开的界面中单击 自定义背景 按钮，如图8-39所示。

（6）打开"打开"对话框，找到自定义背景图所在位置，选择素材图片"微信公众号背景图.jpg"，单击 打开(O) 按钮，如图8-40所示（素材所在位置：素材文件\项目八\任务四\微信公众号背景图.jpg）。

（7）背景图更换完毕，单击"上传"选项卡，再单击 上传图片 按钮，打开"打开"对话框，找到要上传图片所在位置，选择素材图片"产品图.jpg"后，单击 打开(O) 按钮，如

图8-41所示（素材所在位置：素材文件\项目八\任务四\产品图.jpg）。

图8-39 自定义封面图背景

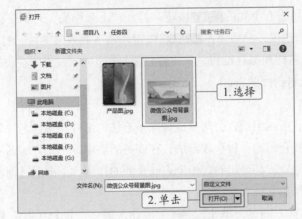

图8-40 选择背景图

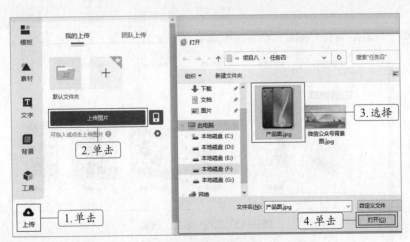

图8-41 上传图片

（8）将上传的图片拖到封面图中，缩小后放置在左下角，如图8-42所示。

图8-42 放置产品

（9）制作完成，单击右上角的 下载 按钮，打开"下载作品"对话框，选择图片的保存格式，此处选择"JPG"选项，然后单击 下载图片 按钮开始下载效果图片，打开"新建下载任务"对话框，设置图片的名称和保存位置，单击 下载 按钮即可（效果所在位置：效果文件\项目八\任务四\微信公众号封面图.jpg）。

（二）制作名片

名片是标示姓名、所属组织、公司单位和联系方法的纸片。递送名片是新朋友互相认识、自我介绍的一种有效方法，在商务活动中，一张好的名片可以给人留下深刻的印象，甚至起到宣传个人或企业的作用。下面通过创客贴制作名片，具体操作如下。

微课视频

制作名片

（1）进入创客贴官方网站，单击 免费使用 按钮，进入"设计工具"界面，单击"创建设计"选项卡，选择"印刷物料"栏下的"名片"选项，如图8-43所示。

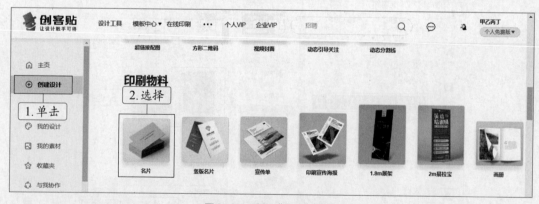

图8-43 选择"名片"选项

（2）进入"模板中心"界面，在其中选择喜欢的模板，此处单击"最多使用"选项卡，在其中选择第一行第三个模板选项，如图8-44所示。

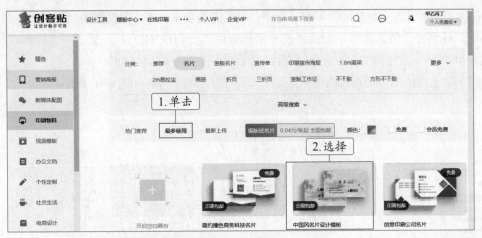

图8-44　选择模板

（3）进入"设计页"界面，将模板中的姓名"李尔"修改为"莫玉"，字体改为"仿宋"，如图8-45所示。

（4）单击工具栏中的三按钮，在打开的列表中选择"居中对齐"选项，使文本居中对齐，如图8-46所示。

图8-45　修改姓名并设置字体
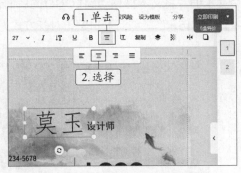

图8-46　更改文本对齐方式

（5）依次修改模板中的职位、电话、邮箱、地址，修改后的效果如图8-47所示。

图8-47　修改名片其他内容

（6）选择并删除"LOGO"素材，单击"上传"选项卡，单击 上传图片 按钮，打开"打开"对话框，找到要上传图片所在位置，选择素材文件"公司LOGO.png"后，单击 打开(O) 按钮，如图8-48所示（素材所在位置：素材文件\项目八\任务四\公司LOGO.png）。

（7）将上传的图片拖到封面图中，缩小放置在姓名的下方，如图8-49所示。

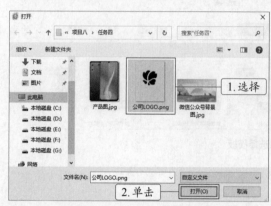

图8-48 上传"公司LOGO"

图8-49 放置"公司LOGO"

（8）单击"文字"选项卡，在打开的界面中选择"点击添加正文文字"选项，此时增加一个文本框，将文本框移动到LOGO的后面，然后双击本文框输入"樱花出版社"文本，设置字体为"仿宋"，字号为"12"，对齐方式为"左对齐"，效果如图8-50所示。

图8-50 增加文本

（9）单击界面右侧的"2"选项卡，开始制作名片背面图样，删除"LOGO"素材，将名片正面中的LOGO和"樱花出版社"文本框复制到名片背面，并调整到横线上方的位置。

（10）将"李尔""188-1234-5678"文本框中的文本分别修改为"莫玉""188×××1234"，并设置"莫玉"文本的字体为"仿宋"，效果如图8-51所示。

（11）制作完成，单击界面右侧"立即印刷"后的下拉按钮▼，在打开的下拉列表中选择"下载设计"选项，打开"下载设计"对话框，选择图片的保存格式，此处选择"JPG"选项，然后单击 下载图片 按钮开始下载图片，打开"新建下载任务"对话框，设置图片的名称和保存位置，单击 下载 按钮即可（效果所在位置：效果文件\项目八\任务四\名片正面.jpg、名片背面.jpeg）。

图8-51 修改名片背面中的文本

制作营销海报、文章配图、插图等

知识补充

除了微信公众号封面图和名片等，用户还可以使用创客贴制作营销海报、文章配图、插图等，制作方法和制作流程与制作微信公众号封面图和名片类似，用户选择相应场景和模板后即可开始制作，此处不再赘述。但是需要注意的是，要想制作出精美不单调的图片，创客贴中有些模板的字体和素材需要用户自行更换。

实训一　美化人物图像

【实训要求】

使用美图秀秀处理计算机中保存的人物图像（素材所在位置：素材文件\项目八\实训一\01.jpg），主要包括调节照片色彩和为照片添加装饰等操作。通过本实训可以进一步巩固美化人物图像的相关方法。

微课视频

美化人物图像

【实训思路】

依次单击"美化图片""贴纸饰品""文字""边框"选项卡，在相应的界面中处理人物图像。本实训处理前后的效果对比如图8-52所示。

【步骤提示】

（1）启动美图秀秀，打开需要处理的照片，单击"美化图片"选项卡，在其中调整"对比度""色彩饱和度"和"清晰度"。

（2）裁剪图片，裁去上方和右侧多余图像部分。

（3）单击"贴纸饰品"选项卡，在图片上方添加饰品。

（4）单击"文字"选项卡，在图片左边添加文字装饰。

（5）单击"边框"选项卡，为照片添加边框。

（6）保存当前效果（效果所在位置：效果文件\项目八\实训一\01.jpg）。

图8-52　人物美化效果对比

实训二　制作思维导图

【实训要求】

使用百度脑图制作鱼骨头图样式的思维导图。通过本实训的操作进一步巩固使用百度脑图制作思维导图的基本方法。

【实训思路】

先确定脑图的外观，再补充各个主题的文字，最后为最后一级主题设置序号。

微课视频

制作思维导图

【步骤提示】

（1）进入百度脑图，开始新建脑图，单击"外观"选项卡，选择"鱼骨头图"选项。

（2）单击"思路"选项卡，在主题框中输入"员工士气低"文本，依次单击 插入下级主题按钮插入下一级主题并输入相应文本。

（3）输入全部文本后，依次选择最后一级主题框，单击"思路"选项卡下的数字序号为其插入数字，最终效果如图8-53所示。

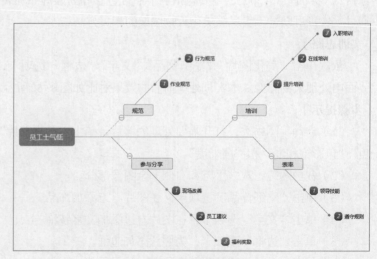

图8-53　思维导图

课后练习

练习1：设置Snagit预设捕获方案

使用Snagit截取图片，然后设置一个捕获方案，操作要求如下。

- 使用Snagit预设方案中的"多合一"选项捕获3张网络图片。
- 新建名为"区域—文件"的捕获方案，将其热键设置为"F6"，设置保存位置为"F:\ 图片"。

练习2：使用美图秀秀美化人物图片

使用美图秀秀美化人物图片，图片自选，进行皮肤调整和头部调整等美化操作，操作要求如下。

- 打开图片后，调整其亮度和对比度。
- 单击"人像美容"选项卡，选择"肤色"美容方式，在"局部美白"中设置美白笔大小为"70像素"，在人物面部拖动鼠标。
- 选择"祛痘祛斑"美容方式，在人物面部痘斑处单击鼠标祛痘祛斑，完成后保存图片。

练习3：使用百度脑图制作思维导图

使用百度脑图制作一张目录结构式的思维导图，主题自定，操作要求如下。

- 进入百度脑图开始新建脑图，单击"外观"选项卡，选择"目录结构图"选项。
- 单击"思路"选项卡输入文本，并在最后一级主题框中插入数字序号和备注。
- 单击"外观"选项卡，将脑图的颜色设置为"脑图经典"。
- 制作完毕，将脑图导出为一张PNG图片。

练习4：使用创客贴制作营销海报

假设你是汽车公司的一名营销人员，七夕节临近，需要使用创客贴制作一张营销海报，试着利用创客贴中的模板制作。

技巧提升

1. 制作九格切图效果

九格切图能够将一张图片平均切割为9格，并维持其完整性。利用美图秀秀可制作九格切图效果，具体操作如下。

（1）在美图秀秀操作界面单击"更多功能"选项卡，在打开的列表中选择"九格切图"选项，在打开的对话框中可看到图片被切成9格（素材所在位置：素材文件\项目八\技巧提升\蛋糕.jpg），然后在左侧面板中设置切图的形状和特效，此处"形状"为第一行第二个，"特效"为"致青春"。

（2）单击 保存到本地 按钮，在打开的对话框中单击选中"保存单张大图"单选项。

（3）打开"图片另存为"对话框，设置图片的名称和保存位置，单击 保存(S) 按钮即可（效果所在位置：效果文件\项目八\技巧提升\蛋糕.jpg），如图8-54所示。

2. 其他图像处理工具

除了前面介绍的图像处理工具外，光影魔术手也是一款非常好用的工具软件，其能改善图像画质和处理图像效果，满足大多数图像的后期处理要求。其特色功能如下。

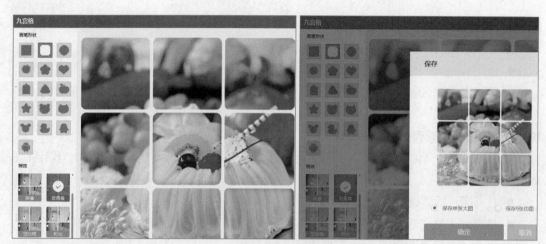

图8-54 制作九格切图

- **强大的调图参数**：拥有自动曝光、数码补光、白平衡、亮度对比度、饱和度、色阶、曲线、色彩平衡等一系列非常丰富的调色功能。
- **数码暗房特效**：拥有丰富的数码暗房特效，如LOMO风格、局部上色、背景虚化、黑白效果、褪色旧相等，还可以通过反转片效果得到专业的胶片效果。
- **随心所欲地拼图**：拥有自由拼图、模板拼图、图片拼接三大拼图功能，提供多种拼图模板和照片边框。
- **文字和水印功能**：便捷的文字和水印功能能够制作出发光、描边、阴影、背景等效果。

PART 9

项目九
音/视频编辑工具

米拉：老洪，我最近看了一个音乐类综艺节目，想自己制作一首音乐作品。

老洪：完全可以啊，GoldWave 就可以处理音频文件。如果你对短视频感兴趣，还可以用抖音短视频拍摄和制作短视频。

米拉：那太好了！我养了一只猫，正想给她它录制可爱又搞笑的短视频呢。对了，有什么软件可以剪辑视频吗？我还有好多以前跟朋友一起出去玩的视频，周末正好有空，就想剪辑一些出来。

老洪：爱剪辑很好用，还可以添加音效、字幕，轻轻松松就能做出像电影一样的效果。

米拉：可是我不会用啊，你教教我呗！

老洪：没问题，我待会儿带你剪辑一个视频，你也可以边看边学。

学习目标

- 掌握使用 GoldWave 编辑音频的方法
- 掌握使用抖音短视频拍摄和制作短视频的方法
- 掌握使用爱剪辑剪辑视频的方法

技能目标

- 能使用 GoldWave 导入、剪裁音频
- 能使用抖音短视频拍摄和制作短视频
- 能使用爱剪辑剪辑视频、添加音频和字幕

素质目标

- 具有良好的人文素养、艺术修养和审美能力，具有开阔的视野和良好的沟通能力

任务一　使用GoldWave编辑音频

GoldWave是一款音频工具软件，具有声音编辑、播放、录制和转换等功能，可以打开多种格式的音频文件，还可以处理丰富的音频特效，提高音质效果，满足不同需求。

一、任务目标

使用GoldWave录制一个音频文件，然后进行打开、新建、保存音频文件，剪裁音频文件，降噪、添加音效，合并音频文件等操作。通过本任务的学习，用户可以掌握使用GoldWave编辑音频的基本操作。

二、相关知识

GoldWave是一款功能强大的数字音频编辑软件，集声音编辑、播放、录制和转换功能于一体，还可以对音频内容进行转换格式等处理。它支持多种格式的音频文件，包括WAV、OGG、VOC、IFF、AIFF、AIFC、AU、SND、MP3、MAT、DWD、SMP、VOX、SDS、AVI、MOV、APE等。启动GoldWave，其操作界面如图9-1所示，主要包括菜单栏、音效栏、控制器面板、编辑显示窗口和状态栏等部分，各部分的作用与一般软件的相似，这里不再详细介绍。

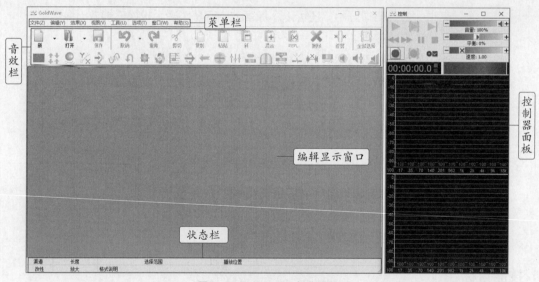

图9-1　Gold Wave操作界面

如果是第一次启动GoldWave，在操作界面右侧会打开控制器面板，该面板关闭后将以播放控制栏的形式显示在音效栏下方，选择【工具】/【控制器】菜单命令，可在两者间切换显示。

三、任务实施

（一）打开、新建和保存音频文件

打开、新建和保存音频文件是GoldWave的常用操作。下面启动GoldWave，打开计算机中的素材音频文件（素材所在位置：素材文件\项目九\任务一\01.mp3），然后录制一个音频文件，并保存为"录音.wav"，具体操作如下。

微课视频

打开、新建和保存
音频文件

（1）启动GoldWave，进入软件操作界面，选择【文件】/【打开】菜单命令，打开"打开声音"对话框，选择计算机中的任意音频文件，此处选择"01.mp3"音频文件。

（2）单击 打开(O) 按钮，打开音频文件，如图9-2所示，单击控制器栏中的▶按钮，或按【F6】键播放音频，单击▍▍按钮暂停播放。

（3）选择【文件】/【新建】菜单命令，或单击"新"按钮▯，打开"新声音"对话框，根据需要自行设置新声音的质量和持续时间，此处在"预设"下拉列表中选择"CD质量，5分钟"选项，单击 OK 按钮，如图9-3所示。软件将生成一个空的音频文件，如图9-4所示。

图9-2　打开音频文件

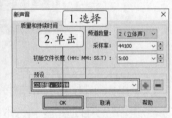

图9-3　设置参数

（4）确认计算机已与麦克风相连接，然后单击控制器栏中的"在当前选择中开始录制"按钮▮开始录制声音，此时编辑显示窗口中显示一些波形，表示录制成功。

（5）录制结束后，单击控制器栏中的"结束录制"按钮●，然后选择【文件】/【保存】菜单命令或单击工具栏中的"保存"按钮▯，打开"保存声音为"对话框。

（6）选择音频文件保存位置，输入音频文件名称为"录音"，在"保存类型"下拉列表中选择"波（*.wav）"选项，单击 保存(S) 按钮，如图9-5所示（效果所在位置：效果文件\项目九\任务一\录音.wav）。

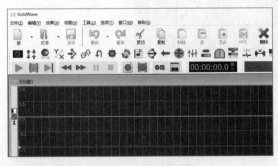

图9-4　新建音频文件

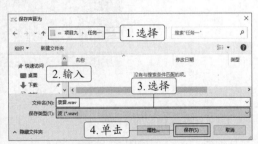

图9-5　保存音频文件

（二）剪裁音频文件

音频文件录制好后，根据需要可对其进行剪裁处理，用该方法也可以提取已有音频文件中的部分音频。下面对录制的音频"录音.wav"进行剪裁处理，具体操作如下。

微课视频

剪裁音频文件

（1）选取需要保留的音频波形部分，将鼠标指针移到编辑显示窗口的左侧边缘，当鼠标指针变为形状时，按住鼠标左键不放向右侧拖动，如图9-6所示，选取的音频波形将以蓝底状态高亮显示，未选取部分将以黑底状态显示。

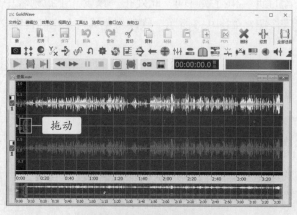

图9-6 选择要保留的音频

（2）单击控制器栏中的按钮，可只播放选取部分的音频，通过该过程可以确认要保留的音频部分，若不合适可重新选取。

（3）确认需要保留的音频波形后，单击工具栏中的"修剪"按钮，可剪裁掉处于黑底状态显示的部分，即只保留选取部分，如图9-7所示。如果单击"删除"按钮，则删除选取部分，完成后保存音频文件（效果所在位置：效果文件\项目九\任务一\录音（剪裁后）.wav）。

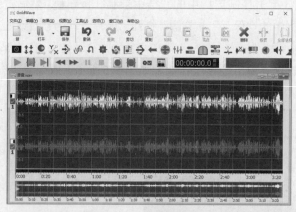

图9-7 保留部分音频

（三）降噪和添加音效

在GoldWave中可以处理声音的效果，如录制的音频有比较大的噪声时，可以利用GoldWave的降噪功能对其进行处理，并且可对处理后的音频添加回声音效等。下面对录制的"录音.wav"音频进行降噪和添加音效处理，具体操作如下。

微课视频

降噪和添加音效

（1）选择全部音频，再选择【效果】/【过滤】/【降噪】菜单命令，打开"降噪"对话框。

（2）在"预设"下拉列表中选择"初始噪声"选项，可有效降低噪声，单击右侧的▷按钮可试听，然后单击 OK 按钮使设置生效，如图9-8所示。

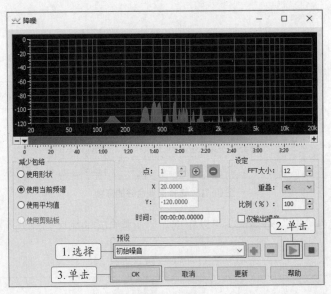

图9-8　降噪

（3）选择最后一小段音频，选择【效果】/【回声】菜单命令，打开"回声"对话框。

（4）分别调整"延迟""音量""反馈"等参数，设置回声的效果，也可以直接在"预置"下拉列表中选择GoldWave预置的常见回声效果，此处选择"混响"选项，如图9-9所示。

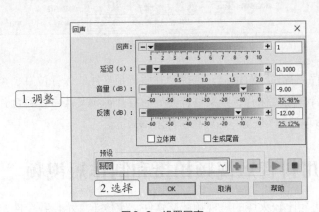

图9-9　设置回声

（5）单击右侧的▷按钮可试听，满意后单击 OK 按钮使设置生效，最后保存音频文件（效果所在位置：效果文件\项目九\任务一\录音（最终）.wav）。

（四）合并音频文件

合并音频文件是指将多个音频文件合成一个音频文件，并保存成新的音频文件。下面将计算机中的"01.mp3"和"02.mp3"（素材所在位置：素材文件\项目九\任务一\01.mp3、02.mp3）两个音频文件合并，具体操作如下。

微课视频

合并音频文件

（1）选择【工具】/【文件合并】菜单命令，打开"文件合并"对话框。

（2）单击 添加文件... 按钮，打开"添加文件"对话框，选择需要合并的音频文件"01.mp3""02.mp3"，然后单击 加 按钮，如图9-10所示。

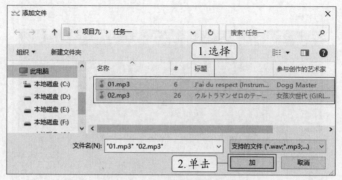

图9-10　选择需要合并的音频

（3）返回"文件合并"对话框，可以根据需要调整合并的顺序，此处保持默认设置，然后单击 合并... 按钮，如图9-11所示。

图9-11　合并音频

（4）打开"保存声音为"对话框，选择合并后音频文件的保存位置、类型、文件名，单击 保存(S) 按钮，开始合并同时保存音频文件，完成后打开音频文件可查看合并后的效果（效果所在位置：效果文件\项目九\任务一\合并的音乐.wav）。

任务二　使用抖音短视频拍摄和制作短视频

抖音短视频是近年比较火爆的短视频社交软件，定位于展示自我个性，吸引了大量年轻人使用，其简单易操作的特点，也使其受到了广大用户的欢迎。

一、任务目标

使用抖音短视频拍摄和制作短视频，包括快速拍摄短视频、分段拍摄短视频、制作"影集"短视频等操作。

二、相关知识

抖音短视频是一个帮助用户表达自我，记录美好生活的短视频软件。用户可以在抖音中选择喜欢的背景音乐，拍摄短视频上传到平台，分享生活点滴，还可以浏览短视频，了解各种奇闻趣事，同时在平台中认识更多朋友。安装并打开抖音短视频后，不用登录也可以浏览短视频，但要使用抖音短视频拍摄和制作短视频，就必须使用手机号码、QQ、微信、微博等方式登录。

三、任务实施

（一）快速拍摄短视频

用户登录抖音短视频后就可以开始拍摄短视频了，下面在抖音短视频中拍摄多肉植物，具体操作如下。

（1）打开抖音短视频，登录抖音账号，进入抖音短视频首页，点击屏幕中心的 + 按钮，如图9-12所示。

（2）进入拍摄界面，根据拍摄需要，点击"翻转"按钮 ⊙，将镜头转换为后置摄像头，点击"滤镜"按钮 ⊗，在打开的界面中可为短视频添加滤镜，此处选择"风景"下的"仲夏"滤镜，如图9-13所示。

（3）进入拍摄界面，点击屏幕左下方的"道具"按钮，在打开的界面中可为短视频添加道具，此处选择"场景"下的"夏至"道具选项，如图9-14所示。

微课视频

快速拍摄短视频

图9-12 进入短视频首页

图9-13 添加滤镜

图9-14 添加道具

（4）点击 ♪ 选择音乐 按钮，进入"选择音乐"界面，为短视频添加背景音乐，此处在界面上方的搜索栏中输入文本"夏天"，然后在搜索结果中选择第一首歌曲，点击 使用 按钮，将其应用于短视频中，如图9-15所示。

操作提示

拍摄短视频后再添加滤镜、背景音乐

除了在拍摄短视频前就将滤镜、背景音乐等设置好外，用户也可以直接点击"拍摄"按钮图标先拍摄短视频，拍摄完毕再统一添加滤镜、背景音乐、特效等。

（5）点击屏幕下方的圆形按钮图标开始拍摄一段15s的短视频，如图9-16所示，拍摄时点击屏幕中心的"停止"按钮图标可以停止拍摄。

（6）拍摄完毕，点击画面右上角的"特效"按钮，为短视频设置特效，如图9-17所示。

图9-15　添加音乐

图9-16　开始拍摄

图9-17　点击"特效"按钮

（7）在打开的界面下方点击 转场 按钮，选择"模糊变清晰"选项，为短视频开头添加由模糊变清晰的特效，如图9-18所示。

（8）点击 自然 按钮，拖动进度条至"由模糊变清晰"特效应用范围之后，然后按住"星星"选项，进度条将自动向后滑动，待进度条滑动至合适位置后松开，这里为短视频添加"星星"特效，如图9-19所示。

（9）点击 分屏 按钮，使用相同的方法为短视频添加"四屏"特效，如图9-20所示。特效设置完毕，点击右上角的 保存 按钮。

（10）点击 下一步 按钮，进入短视频的"发布"界面，在文本框中输入短视频的标题并使用合适的话题，然后点击 ↑ 发布 按钮。

抖音短视频的"道具"功能

　　抖音短视频的"道具"功能可以帮助用户拍摄许多有创意的趣味短视频。例如，可以为人物添加各种头饰，自动为人物上妆，让人物扮演影视剧中的角色，使人物夸张变形等。用户可以在拍摄前点击屏幕左侧的"道具"按钮，在打开的界面中选择相应的选项。

图9-18　添加"转场"特效　　　图9-19　添加"自然"特效　　　图9-20　添加"分屏"特效

分段拍摄短视频

（二）分段拍摄短视频

一般来说，简单的短视频一镜拍摄完成，但是要制作比较复杂的、场景比较多的短视频，就需要分不同的机位、不同的视角来拍摄。抖音短视频的分段拍摄可以帮助用户拍摄制作比较酷炫的短视频效果，如"一秒换装"等。下面分段拍摄"快速整理桌面"主题短视频，具体操作如下。

（1）进入抖音短视频，点击屏幕中心的 ⊞ 按钮，进入拍摄界面，点击界面下方的 分段拍 按钮，如图9-21所示。

（2）根据实际需要选择拍摄速度，此处选择"标准"选项，调整好拍摄角度，点击屏幕中心的圆形按钮图标开始拍摄第一段短视频，呈现桌面整理前的杂乱，同时界面上方显示拍摄进度，如图9-22所示。拍摄完成，点击屏幕中心的正方形按钮图标。

（3）点击屏幕中心的圆形按钮图标开始拍摄第二段短视频，呈现桌面整理后的整洁，如图9-23所示。

图9-21　开始分段拍

图9-22　拍摄第一段

图9-23　拍摄第二段

（4）拍摄完毕，点击 ♫ 选择音乐 按钮为短视频添加背景音乐，此处在打开的界面中选择"推荐"下的歌曲"慢慢来吧"选项，将其应用于短视频中，如图9-24所示。

操作提示

剪辑音乐

如果音乐的节奏不适合拍摄的短视频，用户可以点击 ✄ 按钮，在打开的界面中左右拖动声谱剪取音乐，使音乐和各段短视频衔接得当。另外，用户也可以在拍摄前选择好音乐，然后在拍摄时计算好每段短视频的拍摄时间，使音乐和短视频节奏同步。

（5）点击"滤镜"按钮图标，为短视频添加滤镜，此处选择"风景"下的"纯净"滤镜，如图9-25所示。

（6）点击画面右上角的"特效"按钮 ◎，在打开的界面下方点击 转场 按钮，将进度条拖动到两段短视频的衔接处，然后按住"倒计时"选项应用特效，如图9-26所示。特效设置完毕，点击右上角的 保存 按钮。

（7）点击 下一步 按钮，进入短视频的"发布"界面，在文本框中输入短视频的标题并使用合适的话题，然后点击 ↑ 发布 按钮。

图9-24　添加音乐

图9-25　添加滤镜

图9-26　添加特效

（三）制作"影集"短视频

除了拍摄各种短视频外，用户还可以使用抖音短视频将手机中拍摄好的图片制作成短视频。下面制作"影集"短视频，具体操作如下。

（1）进入抖音短视频，点击屏幕中心的 ⊞ 按钮，进入拍摄界面，点击界面下方的 影集 按钮，选择要制作的影集效果，此处选择"浮动照片墙"选项，然后点击 　使用　 按钮，如图9-27所示。

（2）打开手机相册，在其中选择图片，选好后点击 确定(4) 按钮，如图9-28所示。

（3）开始合成制作，制作好后会自动播放制作的"影集"短视频。在界面中点击 下一步 按钮，进入短视频的"发布"界面，在文本框中会添加话题，在其中输入短视频的标题"#你啊你啊婚礼花絮"，然后点击 ↑ 发布 按钮即可，如图9-29所示。

微课视频

制作"影集"
短视频

操作提示

为短视频选择封面

　　一个漂亮、吸引人的封面可以让更多人查看、喜欢短视频，用户可以在"发布"界面中为短视频选择封面，点击短视频标题右侧的"选封面"按钮图标，在打开的界面中可以将短视频的某一画面设置为封面，并为封面添加文字。

图9-27 制作"影集"短视频

图9-28 选择照片

图9-29 "发布"界面

抖音短视频的发布

在抖音短视频的"发布"界面中，用户可以定位自己的位置，这样可以增加附近的人查看短视频的几率。除此之外，点击"谁可以看"选项，可以在打开的界面中设置短视频的查看权限，包括"公开""好友可见""私密"3个选项。

任务三 使用爱剪辑剪辑视频

爱剪辑是一款免费的视频剪辑软件，其根据用户的使用习惯、功能需求与审美特点进行了全新设计，许多创新功能都颇具独创性。

一、任务目标

使用爱剪辑剪辑视频，包括快速剪辑视频、添加音频、添加字幕并应用字幕特效等操作。通过本任务的学习，用户可以掌握使用爱剪辑剪辑视频的基本操作。

二、相关知识

爱剪辑是国内首款比较全能的视频剪辑软件，由爱剪辑团队依托自身10余年的多媒体研发经验，历经6年以上的时间研发而成。其不仅支持为视频加字幕、调色、加相框等操作，而且具有诸多创新功能和影院级特效。在计算机上下载安装爱剪辑并注册登录后，进入其操作界面，如图9-30所示。

图9-30　爱剪辑操作界面

三、任务实施

（一）快速剪辑视频

作为一款革旧鼎新的视频剪辑软件，爱剪辑的人性化界面使用户能够快速上手视频剪辑。爱剪辑超乎寻常的启动速度、运行速度使得用户的视频剪辑过程非常迅速。下面使用爱剪辑快速剪辑视频，具体操作如下。

（1）启动爱剪辑，打开视频所在文件夹，将视频文件拖曳到爱剪辑的"视频"选项卡下方（或单击 添加视频 按钮），如图9-31所示（素材所在位置：素材文件\项目九\任务三\春天唯美视频.mov）。

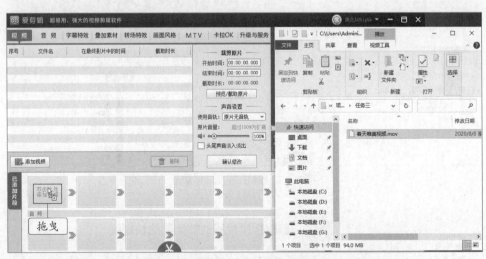

图9-31　拖曳视频文件

（2）在打开的界面中单击 确定 按钮，在"视频"选项卡中可看到添加的视频，如图9-32所示。

图9-32　添加视频

（3）单击操作界面右上角视频预览框时间进度条上的▭▭▭按钮，打开"时间轴"面板，在要分割画面的附近单击鼠标左键，再按【↑】和【↓】键逐帧精准选取要分割的画面，然后单击界面底部的✂按钮剪辑视频片段，将视频分割成两段，如图9-33所示。

图9-33　逐帧选取视频并剪辑

操作提示

剪辑视频片段时需用到的快捷键

按【Ctrl+E】组合键可以快速打开"时间轴"面板；按【Ctrl+Q】组合键可以快速剪辑视频，实现与✂按钮同样的功能；按【＋】键可以放大时间轴，按【－】键可以缩小时间轴。

（4）按照步骤（3）的方法将视频分割成多段，如图9-34所示。

图9-34　将视频分割成多段

（5）在"已添加片段"列表中单击选中要删除片段的缩略图，再单击列表上方的 🗑 删除 按钮将不需要的片段删除，此处删除第6段。

（6）视频剪辑完毕，单击视频预览框下方的 ➡ 导出视频 按钮，打开"导出设置"对话框，保持默认设置，连续单击 下一步 按钮，如图9-35所示。

图9-35　导出视频

（7）进入"画质设置"选项卡页面，单击"导出尺寸"栏后的下拉按钮▼，在打开的下拉列表中选择"1280＊720（720P）"选项，如图9-36所示。

（8）单击"导出路径"栏下的 浏览 按钮，打开"请选择视频的保存路径"对话框，选择导出视频的保存位置，在"文件名"文本框中输入导出视频的名称，最后单击 保存(S) 按钮，如

图9-37所示。

（9）设置完毕，单击 导出视频 按钮导出视频（效果文件所在位置：效果文件\项目九\任务三\春天唯美视频.mp4）。

图9-36　设置导出视频的尺寸

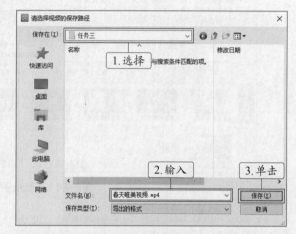

图9-37　设置导出视频的文件名称和保存位置

（二）添加音频

音乐可以说是很多视频必不可少的部分，其能有效烘托视频的氛围。下面为剪辑好的视频添加音频，具体操作如下。

微课视频
添加音频

（1）启动爱剪辑，将剪辑好的"春天唯美视频.mp4"视频拖曳到爱剪辑的"视频"选项卡中。

（2）单击"音频"选项卡，再单击 添加音频 按钮，在打开的下拉列表中选择"添加音效"或"添加背景音乐"选项。此处选择"添加背景音乐"选项，打开"请选择一个背景音乐"对话框，选择要添加的音频，单击 打开(O) 按钮，如图9-38所示（素材文件所在位置：素材文件\项目九\任务三\纯音乐.mp3）。

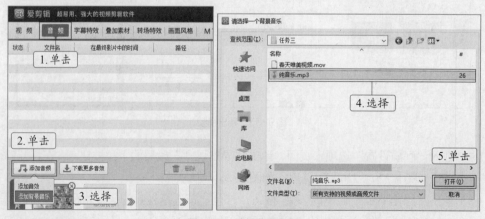

图9-38　选择背景音乐

（3）打开"预览/截取"对话框，在其中可以截取音频片段，让音频与视频更加契合，此处保持默认设置，单击 确定 按钮，如图9-39所示。

图9-39 "预览/截取"对话框

（4）添加音频完毕，在音频列表中显示添加的音频，在音频列表右侧可修改音频信息，包括设置音频在影片中的开始时间、音频音量等。由于此处的音频时间长度大于视频，故将音频的结束时间修改为"00:01:04:000"，然后单击 确认修改 按钮确认，如图9-40所示。

图9-40 修改音频结束时间

预览/截取音频

要想让背景音乐更加契合视频，或者需要为不同场景的视频添加不同的背景音乐，可以单击操作界面右上角视频预览框时间进度条上的 按钮（或按【Ctrl+E】组合键）打开"时间轴"面板，在面板中根据波形图逐帧剪辑音频。

（5）背景音乐添加完毕，单击  导出视频 按钮导出视频即可（效果文件所在位置：效果文件\项目九\任务三\春天唯美视频（添加背景音乐后）.mp4）。

（三）添加字幕并应用字幕特效

剪辑视频时，可能需要为视频添加字幕，使视频的情感表达或叙事更直接。爱剪辑提供了很多常见的字幕特效，以及沙砾飞舞、火焰喷射、缤纷秋叶、水珠撞击、气泡飘过、墨迹扩散、风中音符等颇具特色的高级特效。下面对刚添加了背景音乐的视频添加字幕并应用字幕特效，具体操作如下。

（1）启动爱剪辑，将剪辑好的"春天唯美视频（添加背景音乐后）.mp4"视频拖曳到爱剪辑"视频"选项卡中。

（2）单击"字幕特效"选项卡，在右上角视频预览框时间进度条上单击，将时间进度条定位到要添加字幕特效处，然后在要添加字幕的位置双击视频预览框。

（3）打开"输入文字"对话框，在文本框中输入文本，此处输入"昨日雪如花，今日花如雪"文本，然后单击 确定 按钮，如图9-41所示。另外，单击"顺便配上音效"栏下方的 浏览 按钮还可以为字幕特效配上音效。

（4）添加字幕完毕，单击选中"字体设置"选项卡中的"竖排"单选项将文本竖排，单击"单色"后的下拉按钮 ▼，在打开的下拉列表中选择"紫色"选项，如图9-42所示。

图9-41 添加字幕

图9-42 设置字幕

（5）单击选中"出现特效"选项卡中的"打字效果"单选项，单击"特效参数"选项卡，然后单击选中"出现时的字幕"栏下的"逐字出现"复选框，为字幕添加出现特效，如图9-43所示。

图9-43 为字幕添加出现特效

（6）单击"停留特效"选项卡，单击选中"文字边缘发光"栏下的"文字边缘发光（白光）"单选项，将"特效参数"选项卡中"停留时的字幕"栏下的"特效时长"修改为"1:00秒"，为字幕添加停留特效，如图9-44所示。

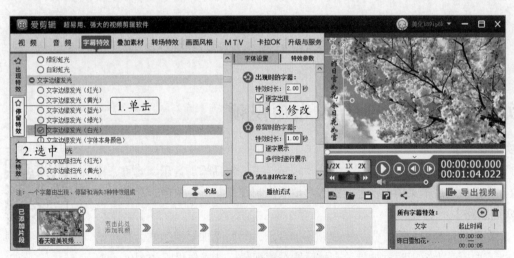

图9-44 为字幕添加停留特效

（7）单击"消失特效"选项卡，单击选中"常用特效类"栏下的"向左动感消失"单选项，将"特效参数"选项卡中"消失时的字幕"栏下的"特效时长"修改为"1:00秒"，为字幕添加消失特效，如图9-45所示。

（8）字幕特效设置完毕，单击 导出视频 按钮导出视频即可（效果文件所在位置：效果文件\项目九\任务三\春天唯美视频（添加字幕后）.mp4）。

图9-45　为字幕添加消失特效

字幕的快速设置

　　如果想修改字幕的出现时间，可以按【Ctrl+X】组合键剪切字幕，然后在视频预览框的时间进度条上定位正确的时间点，按【Ctrl+V】组合键将字幕粘贴到新的时间点。另外，若想保持各个不同时间段的字幕设置一致，如位置、字体、大小、阴影、描边等，只需复制第一个设置好的字幕，再选择另一个字幕的出现时间点并粘贴字幕，然后双击鼠标左键，在打开的"输入文字"对话框中输入新的内容即可。

实训一　拍摄并制作发布短视频

【实训要求】

　　使用抖音短视频拍摄并制作发布短视频，主要包括添加音乐、滤镜、特效等操作。通过本实训可以进一步练习拍摄、制作、发布短视频的方法。

微课视频

拍摄并制作发布短视频

【实训思路】

　　打开抖音短视频后，先为短视频添加音乐，然后添加短视频滤镜并开始拍摄，拍摄后为短视频添加特效，最后发布短视频，其操作思路如图9-46所示。

【步骤提示】

　　（1）启动抖音短视频，点击 选择音乐 按钮，进入"选择音乐"界面，为短视频添加背景音乐。

　　（2）点击"滤镜"按钮 为短视频添加滤镜。

　　（3）点击屏幕下方的圆形按钮图标开始拍摄短视频。

　　（4）拍摄完毕，点击画面右上角的"特效"按钮 ，为短视频设置特效。

　　（5）制作完毕，点击 下一步 按钮，进入短视频的"发布"界面，在文本框中输入短视频的标题并使用合适的话题，点击 发布 按钮发布短视频。

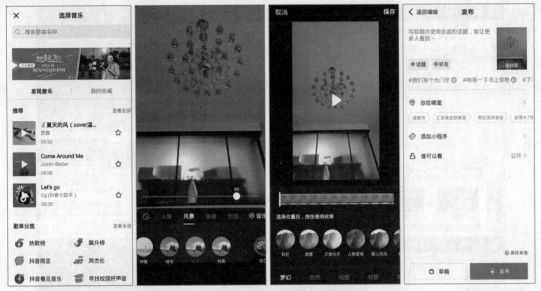

图9-46 拍摄、制作、发布短视频操作思路

实训二 使用爱剪辑剪辑视频

【实训要求】

使用爱剪辑剪辑计算机中的素材视频（素材所在位置：素材文件\项目九\实训二\阳光.mov）。通过本实训的操作进一步巩固爱剪辑的基本操作。

【实训思路】

启动爱剪辑后，先将素材视频添加到"视频"选项卡中，然后剪辑视频多余的部分，再为视频添加背景音乐、字幕等，最后将视频导出，其操作思路如图9-47所示。

微课视频

使用爱剪辑剪辑视频

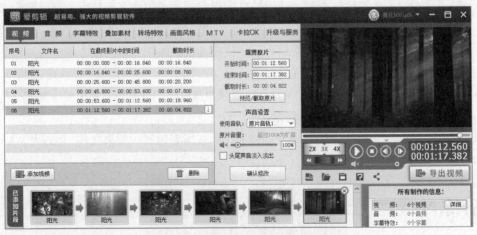

图9-47 使用爱剪辑剪辑视频操作思路

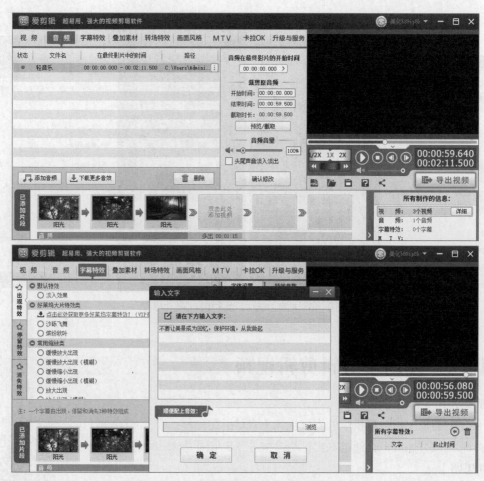

图9-47　使用爱剪辑剪辑视频操作思路（续）

【步骤提示】

（1）启动爱剪辑，单击"视频"选项卡下方的 ▣➕添加视频 按钮导入视频素材。

（2）通过右侧的视频预览框和"时间轴"面板将视频剪辑成多个片段，然后删除多余的部分。

（3）单击"音频"选项卡，再单击 ♫➕添加音频 按钮为视频添加背景音乐（素材所在位置：素材文件\项目九\实训二\轻音乐.mp3）。

（4）单击"字幕特效"选项卡，在右上角视频预览框时间进度条上定位要添加字幕特效的时间点，为视频添加字幕并应用字幕特效。

（5）设置完毕，单击 ▣➡导出视频 按钮导出视频（效果所在位置：效果文件\项目九\实训二\保护环境，从我做起.mp4）。

课后练习

练习1：录制音频

使用GoldWave录制一段音频文件，然后根据实际情况对音频文件进行裁剪，最后降低噪声并添加音效。

练习2：使用抖音短视频拍摄并发布短视频

使用抖音短视频分段拍摄短视频，制作并发布如"一秒换装""一秒换衣"等类似主题的短视频，其参考效果如图9-48所示。

图9-48　"一秒换衣"短视频的效果

练习3：使用爱剪辑剪辑视频

将自己拍摄的视频添加到爱剪辑中，删除不需要的片段，然后添加音效、字幕、特效等，最后导出视频，操作要求如下。

- 启动爱剪辑，将视频拖入"视频"选项卡中。
- 将视频分割为多个片段，并删除不需要的片段。
- 为视频添加音效。
- 为视频添加字幕，并应用字幕特效。
- 剪辑完毕，导出视频。

技巧提升

1. 其他音频处理工具

除了GoldWave外，Adobe Audition也是一款功能非常完善的音频处理工具，其原名为Cool Edit Pro，被Adobe公司收购后，改名为Adobe Audition。Adobe Audition提供了音频混合、编辑、控制和效果处理功能，专业性较强，但使用难度比GoldWave大。

2. 其他短视频软件

快手、西瓜视频、抖音火山版也是近来比较热门的短视频软件。快手是由北京快手科技有限公司开发的一款短视频软件，前身叫GIF快手。西瓜视频是今日头条旗下独立的短视频软件，包括音乐、影视、娱乐、农人、游戏、美食、儿童、宠物、体育、文化、时尚、科技等分类。抖音火山版原名火山小视频，属于今日头条旗下，是内嵌于今日头条的短视频软件，2020年1月更名为抖音火山版，并启用全新图标。除抖音短视频、快手、西瓜视频、抖音火山版之外，微信也推出了视频号板块。相比其他短视频软件，微信视频号使用更为便利，用户不需要再打开一个新的软件，就可以直接在微信里观看和拍摄短视频。视频号创立仅半年，用户就已经突破2亿。图9-49所示为微信视频号界面。

图9-49　微信视频号界面

3. 通过爱剪辑为视频添加转场特效

恰到好处的转场特效能够使不同场景之间的视频片段过渡更加自然，并能实现一些特殊的视觉效果。爱剪辑提供了数百种转场特效，能够使创意发挥更加自由和简单。一般来说，如果需要在两个视频片段之间添加转场特效，只需要为位于后位的视频片段应用转场特效即可。通过爱剪辑为视频添加转场特效的操作方法如下。

（1）启动爱剪辑，单击 添加视频 按钮将素材视频添加到"视频"选项卡中，如图9-50所示（素材所在位置：素材文件\项目九\技巧提升\蓝天白云.mov、瀑布.mov）。

（2）在"已添加片段"选项卡中选择要应用转场特效的视频片段，单击"转场特效"选项卡，在转场特效列表中，选择需要应用的转场特效选项，此处选择"3D或专业效果类"栏下的"震撼散射特效I"选项，再单击 应用/修改 按钮，可以看到选择的转场特效前已经打勾，如图9-51所示。

（3）设置完毕，单击 导出视频 按钮导出视频（效果所在位置：效果文件\项目九\技巧提升\自然风光.mp4）。

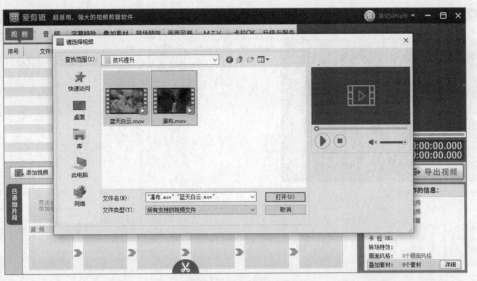

图9-50　添加素材视频

图9-51　应用特效

4. 其他视频剪辑软件

除了爱剪辑之外，会声会影和快剪辑也是比较好用的视频剪辑软件。会声会影是一款智能、快速、简单的视频编辑软件，具有多种视频编辑功能和动画效果。快剪辑软件可以通过编辑画面特效、字幕特效、声音特效等功能快速制作创意视频，操作简单，可以快速提高用户的视频制作效率，其操作界面不仅大方简洁，还根据不同的用户需求设计了专业模式和快速模式两种视频编辑模式。图9-52所示为专业模式下的操作界面。

相比其他视频剪辑软件，快剪辑还提供了素材库。其素材库可以分为"添加剪辑""添加音乐""添加音效""添加字幕""添加转场""添加抠图"和"添加滤镜"等几类，如图9-53所示。

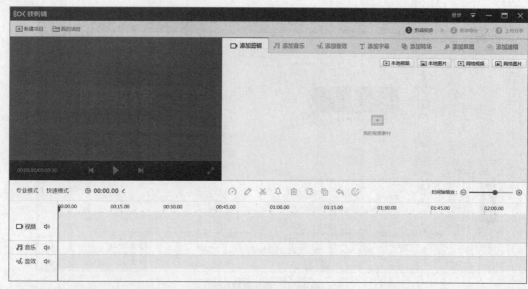

图9-52 专业模式下的操作界面

图9-53 "添加滤镜"素材库提供的滤镜素材

PART 10

项目十
自媒体处理工具

米拉：老洪，我昨天看了一篇微信公众号推送的文章，里面提到了很多自媒体处理工具，如草料二维码、135编辑器、今日热榜、凡科互动等，自媒体是什么？这些工具都是用来处理什么的？

老洪：自媒体实际是指普通大众以现代化、电子化的手段，向不特定的大多数或者特定的单个人传递规范性及非规范性信息的新媒体。顾名思义，自媒体处理工具是指自媒体人的运营工具。其中，草料二维码是用来生成二维码的；135编辑器主要用于排版微信公众号文章；今日热榜主要是用来查看热点的；凡科互动是用来创建营销活动的。

米拉：听起来太有意思了！老洪，你能教我使用这些工具吗？

老洪：没问题！

学习目标

- 掌握草料二维码的使用方法
- 掌握使用135编辑器排版微信公众号文章的方法
- 掌握使用今日热榜的方法
- 掌握使用凡科互动创建营销活动的方法

技能目标

- 能使用草料二维码生成二维码
- 能使用135编辑器排版微信公众号文章
- 能使用今日热榜掌握当前热点
- 能使用凡科互动创建营销活动

素质目标

- 掌握信息传播技能，积极获取新知，善于沟通、完善自我

任务一　使用草料二维码生成二维码

草料二维码是国内专业的二维码服务提供商，提供二维码生成、美化、印制、管理、统计等服务，还能够帮助企业通过二维码展示信息并采集线下数据，提升营销和管理效率。

一、任务目标

使用草料二维码生成二维码，包括快速创建二维码、美化二维码、使用表单功能等操作。通过本任务的学习，用户可以掌握使用草料二维码生成二维码的基本操作。

二、相关知识

草料二维码实际是一个二维码在线服务网站，帮助用户在不同行业、不同场景下，通过二维码减少信息沟通成本。草料二维码可以在二维码中自由添加内容，如文本、音/视频、网址、名片等，通常用于展示商品详情、使用说明书、多媒体图书等，同时可实时统计扫描量。启动浏览器进入草料二维码的官网，注册登录后即可开始使用草料二维码，且用户生成的二维码将保存在其账号后台。图10-1所示为草料二维码的首页。

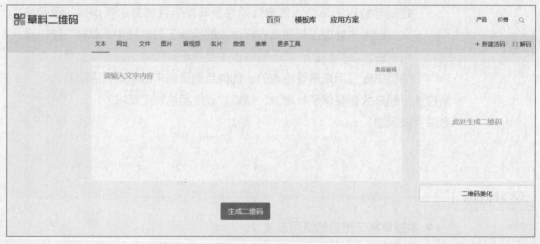

图10-1　草料二维码的首页

二维码又称二维条码，是在一维条码的基础上扩展出另一维具有可读性的条码，使用黑白矩形图案表示二进制数据，用设备扫描二维码后可获取其中包含的信息。一维条码的宽度记载着数据，而长度没有记载数据；二维条码的长度、宽度均记载着数据。二维条码有一维条码没有的"定位点"和"容错机制"，容错机制在即使没有辨识到全部条码，或者条码有污损时，也可以正确还原条码上的信息。二维条码的种类很多，不同机构开发出的二维条码具有不同的结构以及编写、读取方法。

普通的二维码在手机摄像头能扫出来的密度下，最多只能存约150个字符信息，生成后无法更改内容。于是技术人员想了一个办法，把要展示的内容放在服务器上，将其网址编码成二维码，使用手机扫描后可以打开这个网站查看内容，网址对应的内容实际储存在服务器中，可以显示图片、视频、音乐、文档等丰富内容。由于网址短期内不会改变，所以不会导致二维码图案更改，但是设备必须联网，因此这种二维码也称为"活码"。活码是二维码的一种高级形态，通过短网址指向保存在云端的信息。与普通二维码相比，其图案更简单、更易扫描，而且可以随时更改云端内容，做到同一个图案、不同的内容，极大地方便了二维码的印刷管理，甚至可以实现先印刷图案，后设置内容。

草料二维码中生成的二维码就使用了这种原理，因此其二维码默认长期有效，用户可以无限次扫描二维码，生成二维码后，还可以修改内容且保持图案不变。

活码的使用

从理论上来说，活码可以支持无限的内容，其未对文本的字数做任何限制。但是受到网络带宽和服务器性能等限制，在实际操作中，输入过多文字、添加过大的图片和文件还是会影响活码生成和扫描打开的速度，甚至造成手机端无法显示的情况，所以，在实际操作中，用户需要根据实际情况安排活码的内容。

三、任务实施

（一）快速创建二维码

采用活码技术的二维码可以包含丰富的内容元素，下面使用草料二维码快速创建二维码，具体操作如下。

（1）启动浏览器，登录进入草料二维码官网。

（2）单击首页右侧的 +新建活码 按钮，进入"模板库"界面。用户可以在界面中选择合适的模板，然后在模板的基础上根据实际情况修改内容。此处新建一个空白模板，即选择"推荐"栏下的"从空白新建"选项，如图10-2所示。

微课视频

快速创建二维码

图10-2　新建空白模板

（3）进入内容编辑页，开始编辑二维码内容，首先输入标题，此处输入"爱护环境、人人有责"文本。标题下方为重点内容区，可以添加图片、文件、音频、视频，突出显示。

（4）开始编辑正文内容，单击"样式库"按钮，在打开的界面中单击选中"免费样式"复选框，选择"标题"选项卡下的第4个选项，然后将"会议议程"文本修改为"气候变暖的危害"，如图10-3所示。

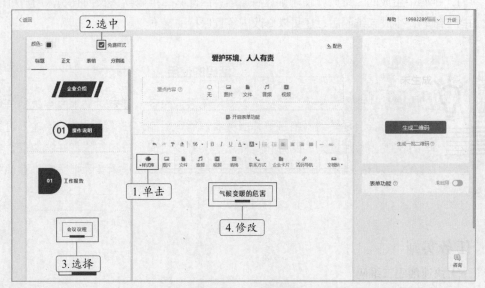

图10-3　应用标题样式

（5）在标题下方输入文本，如图10-4所示。

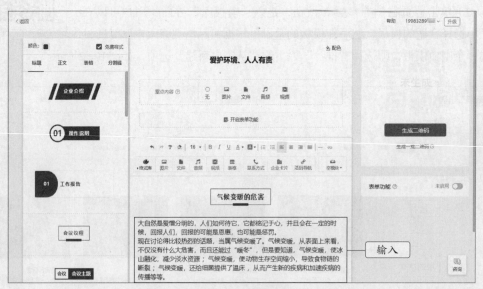

图10-4　输入文本

（6）在文本下方插入图片，在正文编辑区域上方的工具栏中单击"图片"按钮，打开"打开"对话框，找到要插入的图片素材（素材所在位置：素材文件\项目十\任务一\全球变暖.jpg），单击 打开(Q) 按钮。打开"图片设置"对话框，可以设置插入的图片样式等，此处保持默认设置，单击 确认 按钮，如图10-5所示。

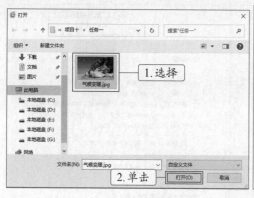

图 10-5　插入图片

（7）再次选择"标题"选项卡下的第4个选项，将"会议议程"文本修改为"阻止气候变暖的措施"，然后继续输入文本，如图10-6所示。

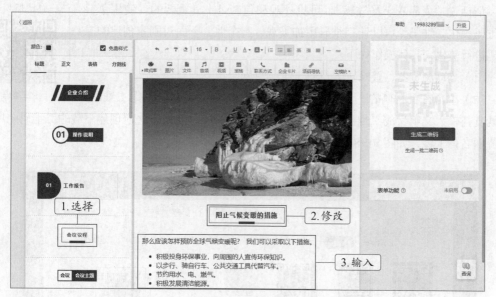

图 10-6　继续输入文本

关于内容编辑的补充说明

　　在二维码内容编辑页面中包含了多种内容元素，除了图片外，用户还可以插入文件、表格、音频、视频、联系方式、企业卡片等。另外，还可以在样式库中选择正文、表格、分割线样式，让二维码内容更加美观。

（8）二维码内容输入完毕，单击 生成二维码 按钮生成二维码，单击 保存内容 按钮保存二维码内容，单击 下载 按钮下载二维码，单击 完成编辑 按钮完成二维码的创建，如图10-7所示（效果所在位置：效果文件\项目十\任务一\爱护环境、人人有责.png）。

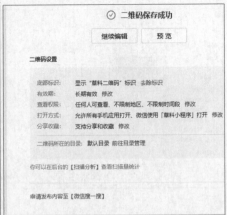

图10-7　完成创建

（二）美化二维码

俗话说"人靠衣装马靠鞍"，可见外观和包装是十分重要的。使用草料二维码美化二维码，可以让二维码更加美观、有个性。下面对刚才创建的二维码进行美化，具体操作如下。

（1）启动浏览器，登录进入草料二维码官网。

（2）单击首页右侧的 二维码美化 按钮，在打开的界面中即可美化二维码，其既支持输入文字生成二维码，又可以上传二维码图片，此处将之前创建下载的二维码图片拖入界面右侧上传，如图10-8所示。

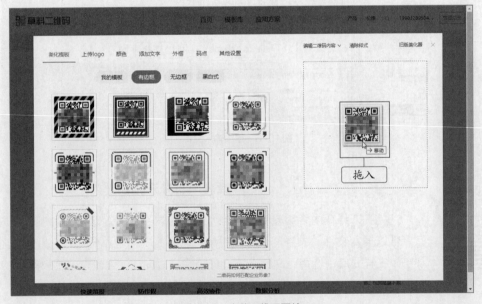

图10-8　上传二维码图片

（3）上传二维码后，可以选择所需的美化样式，此处选择"有边框"选项卡下第一行的第4个选项，如图10-9所示。

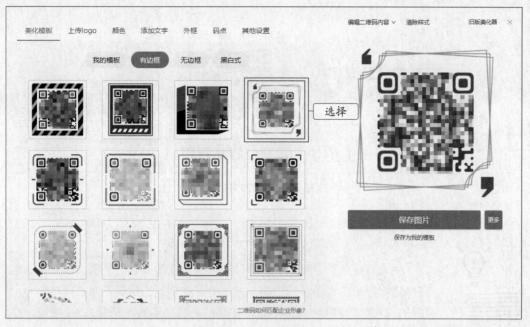

图 10-9　选择美化样式

（4）单击"上传 logo"选项卡，单击 [上传logo] 按钮，打开"打开"对话框，选择要上传的 logo，再单击 [打开(O)] 按钮，如图 10-10 所示（素材所在位置：素材文件\项目十\任务一\logo. png）。除了在二维码中添加 logo 之外，用户也可以根据自己的需求设置二维码的颜色、外框、码点等，还可以添加文字。

图 10-10　上传 logo

（5）单击 [保存图片] 按钮，打开"新建下载任务"对话框，设置二维码的名称和保存位置，单击 [下载] 按钮将二维码保存在计算机中，如图 10-11 所示（效果所在位置：效果文件\项目十\任务一\二维码美化.png）。

图10-11　完成美化

二维码加密

　　生成二维码后，用户若只想让部分人员查看二维码内容，在草料二维码中还可以给二维码添加密码。方法为：在草料二维码界面右侧单击 管理后台 按钮，进入"草料后台"界面，在要加密的二维码右侧单击 更多 按钮，在打开的下拉列表中选择"加密设置"选项。打开"查看权限设置"对话框，单击选中"加密"单选项，然后在下方输入4~20位的密码即可，如图10-12所示。

图10-12　二维码加密

（三）使用表单功能

　　草料二维码的表单功能可以用来收集信息，替代传统的纸质表格，适用于出入登记、签到、报名、物品领用、设备巡检、区域巡查等。下面使用草料二维码的表单功能制作一个可以登记的"会议签到"二维码，具体操作如下。

　　（1）启动浏览器，登录进入草料二维码官网。

　　（2）单击首页右侧的 +新建活码 按钮，进入"模板库"界面。用户可以在界面中选择合适的模板，然后在模板的基础上根据实际情况修改内容。此处选择"推荐"栏下的"会议签到"选项，单击该选项下的 应用此模板 按钮，如图10-13所示。

微课视频

使用表单功能

图10-13　应用模板

（3）进入"编辑"界面，可根据具体情况修改模板中的内容，此处保持默认设置，然后单击界面右侧的 ［生成二维码］ 按钮生成二维码，如图10-14所示。

图10-14　生成二维码

（4）二维码生成后，单击二维码下方的 ［保存内容］ 按钮保存二维码内容，单击 ［下载］ 按钮下载二维码（效果所在位置：效果文件\项目十\任务一\会议签到.png），单击 ［完成编辑］ 完成二维码的创建。图10-15所示为用手机扫描该二维码后出现的界面。

（5）继续在完成创建的界面中单击 ［前往工作台］ 按钮，如图10-16所示。

（6）进入"草料后台"界面，分别单击"表单"栏下的各个选项卡，可以对表单的填表人、协作成员、表单数据等进行管理。图10-17所示为单击"表单管理"选项卡打开的界面。

图10-15 手机扫描界面

图10-16 前往工作台

图10-17 表单管理

任务二 使用135编辑器排版微信公众号文章

135编辑器是一款提供微信公众号文章排版和内容编辑功能的在线工具，其样式丰富，不仅支持收藏样式和颜色，还提供编辑图片素材、添加图片水印、一键排版等功能，用户可以使用135编辑器轻松排版微信公众号文章。

一、任务目标

使用135编辑器排版微信公众号文章，包括快速排版文章、使用模板排版文章、将排版文章同步至微信操作。

二、相关知识

135编辑器是提子科技(北京)有限公司旗下的一款在线图文排版工具，于2014年9月上线运营，主要应用于微信公众号、企业网站，以及论坛等多种平台，支持一键排版、全文配色、公众号管理、微信变量回复、48小时群发、定时群发、云端草稿、文本校对等多项功能与服务，用户可以使用135编辑器快速排版微信公众号文章。

三、任务实施

（一）快速排版文章

启动浏览器进入135编辑器官网并注册登录后，即可开始排版文章。下面在135编辑器中快速排版文章，具体操作如下。

（1）启动浏览器，注册并登录135编辑器。

（2）进入135编辑器的编辑界面，单击工具栏中的"单图上传"按钮，打开"打开"对话框，选择要插入的素材图片（素材所在位置：素材文件\项目十\任务二\01.png），单击 打开(O) 按钮，如图10-18所示。

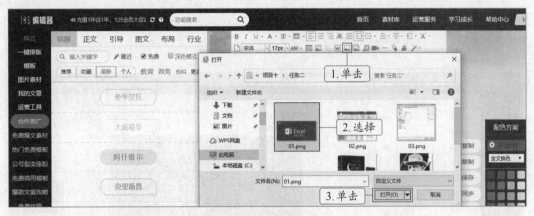

图10-18　插入图片

（3）选择插入的图片，然后单击工具栏中的"居中对齐"按钮将图片居中对齐，如图10-19所示。

图10-19　将图片居中对齐

（4）输入或粘贴内容，此处直接粘贴素材文档中的第一段文本（素材所在位置：素材文件\项目十\任务二\工作表使用小技巧.docx），如图10-20所示。

图 10-20　粘贴第一段文本

（5）单击选中编辑器左侧样式功能区中的"免费"复选框，将鼠标指针移动到"标题"选项卡上，在打开的下拉列表中选择想要的标题样式选项。此处选择"框线标题"选项，并应用需要的标题样式，如图 10-21 所示。

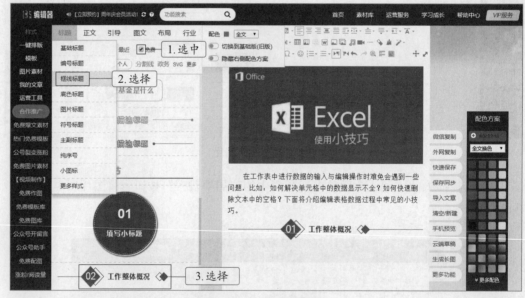

图 10-21　应用标题样式

（6）选择该框线标题，将"工作整体概况"文本修改为素材文档中的第一个标题"表格内容全部显示"文本，然后单击右侧配色方案下方的绿色色块，将该标题的颜色改为绿色，如图 10-22 所示。

（7）在标题下方继续粘贴素材文档中"1.表格内容全部显示"下方的第一段文本，单击工具栏中的"单图上传"按钮，打开"打开"对话框，选择要插入的素材图片（素材所在位置：素材文件\项目十\任务二\02.png），单击 打开(O) 按钮即可。

（8）在下方继续粘贴素材文档中"1.表格内容全部显示"下方的第二段文本，单击工具栏中的"单图上传"按钮，打开"打开"对话框，选择要插入的素材图片（素材所在位置：素材文件\项目十\任务二\03.png），单击 打开(O) ▼按钮，其效果如图10-23所示。

图10-22 修改文本并更改样式颜色

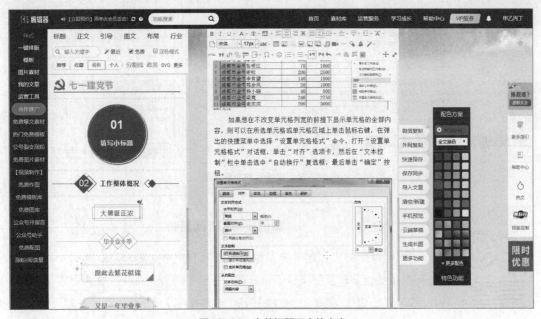

图10-23 完善标题下方的内容

（9）添加一个与步骤（5）一样的标题样式，此时标题中的序号自动变为"02"，将"工作整体概况"文本修改为素材文档中的第二个标题"删除文本中的空格"，然后单击右侧配色方案下方的绿色色块，将框线标题的颜色改为绿色。

（10）在标题下方继续粘贴素材文档中"2. 删除文本中的空格"下方的两段文本，单击工具栏中的"单图上传"按钮 ，打开"打开"对话框，选择要插入的素材图片（素材所在位置：素材文件\项目十\任务二\04.png），单击 打开(O) ▼按钮。

样式

除了标题样式，135编辑器还提供了正文、引导、图文、布局等方面的样式，用户在排版文章前，可以多查看135编辑器预设的各种样式，尽量设计排版出更加美观的文章。

（11）正文内容排版完成，按【Ctrl+A】组合键全选文本，单击工具栏中的 17px 按钮，在打开的下拉列表中选择"15px"选项，缩小文本字号。

（12）单击界面右侧的 快速保存 按钮保存文章，单击界面左侧的"我的文章"选项卡可以查看保存好的文章。图10-24所示为排版后的文章效果（效果所在位置：效果文件\项目十\任务二\工作表使用小技巧.png）。

图10-24 排版后的文章效果

微信复制和外网复制

排版好文章后，如果要在微信公众号上使用文章，则单击 微信复制 按钮，135编辑器会自动复制文章，进入微信后台粘贴使用即可。如果是在其他平台或网站上使用，则单击 外网复制 按钮，进入相应平台或网站后粘贴即可使用。

（二）使用模板排版文章

如果想更加快速地排版文章，还可以利用135编辑器中丰富的模板，在使用时只需要替换文字及图片内容即可。下面使用135编辑器中的模板来排版文章，具体操作如下。

（1）启动浏览器，注册并登录135编辑器。

（2）进入135编辑器的编辑界面，单击左侧边栏的"模板"选项卡，再单击选中"模板中心"界面中的"免费"复选框，然后选择想要使用的模板选项。此处将鼠标

微课视频

使用模板排版文章

指针移动到"书籍推荐模板"上，然后单击 整套使用 按钮，如图10-25所示。

图10-25 选择要使用的模板

（3）编辑区域展示了模板的全部内容，开始替换文字和图片内容，图10-26所示为替换文字和图片后的效果（素材所在位置：素材文件\项目十\任务二\好书推荐.docx、作者图.jpg、书籍.jpg）。

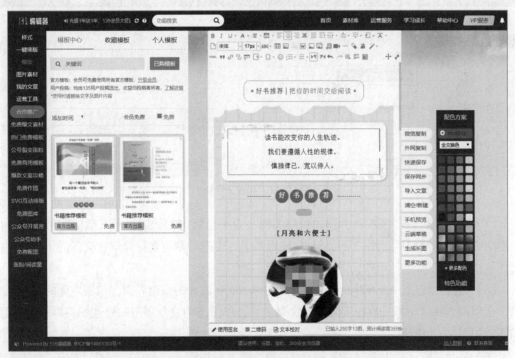

图10-26 替换文字和图片内容

（4）单击界面右侧的 快速保存 按钮保存文章（效果所在位置：效果文件\项目十\任务二\好书推荐.png）。

（三）将排版文章同步至微信

对于很多自媒体人来说，微信公众号平台的排版功能不够强大，而利用135编辑器的保存同步功能将排版好的内容上传到微信公众号后台可以解决这个问题。下面介绍将排版文章同步至微信的方法，具体操作如下。

微课视频

将排版文章
同步至微信

（1）启动浏览器，注册并登录135编辑器。

（2）将鼠标指针移至右侧用户名上方，在打开的下拉列表中选择"授权公众号"选项，如图10-27所示。

图10-27　单击"授权公众号"选项

（3）进入"我的公众号"界面，单击 授权新的微信公众号 按钮，如图10-28所示。

图10-28　授权公众号

（4）进入"公众号授权"界面，使用微信公众平台绑定的管理员个人微信账号扫描界面中心的二维码。授权后，用户可以在135编辑器上直接进行微信素材管理、文章同步与群发等操作。

（5）授权完成后，就可以同步文章了。进入135编辑器的编辑界面，单击左侧的"我的文章"选项卡，将鼠标指针移至要同步的文章上方，单击选中文章下方的复选框，再单击 多图文同步 按钮，如图10-29所示。

（6）打开"图文同步保存到微信"对话框，将要同步的文章拖动到右侧列表中，此处拖动"工作表使用小技巧"文章，然后单击下方的 同步到微信 按钮，如图10-30所示。

图10-29 同步文章

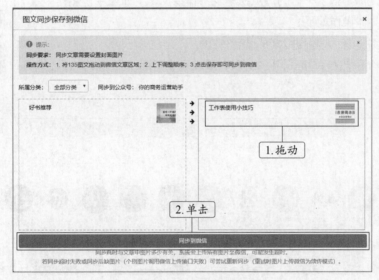

图10-30 同步到微信

操作提示

设置封面图片

在设置同步时，同步的文章需要设置封面图片。设置封面图片的方法为：排版好文章后，单击右侧的 保存同步 按钮，打开"保存图文"对话框，在其中输入图文标题、摘要等，再设置封面图片即可。

任务三　使用今日热榜掌握当前热点

对于自媒体人而言，要想脱颖而出、获得关注，一个非常重要的技能就是追热点，这也称为"借势"营销或"借力"营销。今日热榜就是一款非常好用的追热点工具，其将各大资讯阅读平台的热点和新闻头条等汇聚在一起，用户可以第一时间查看当前热点资讯。

一、任务目标

使用今日热榜掌握当前热点，包括查看当前热点、订阅热榜、查看热点日历等操作。通过本任务的学习，用户可以掌握使用今日热榜掌握当前热点的基本操作。

二、相关知识

今日热榜是一个获取各大热门网站热点的聚合网站，其提供了微信、今日头条、百度、知乎、微博、百度贴吧、豆瓣、搜狗、简书等多个平台热点排行榜服务。用户可以使用今日热榜追踪全网热点，实现简单高效阅读。

三、任务实施

（一）查看当前热点

今日热榜提供了很多平台的热点榜单及具体数据，下面在今日热榜中查看当前热点，具体操作如下。

（1）启动浏览器，搜索进入今日热榜官网。

（2）进入今日热榜首页，用户无须登录就可查看各大平台的热点，如图10-31所示。

微课视频
查看当前热点

图10-31　今日热榜首页

（3）单击"热门"栏下各平台对应的按钮，可以详细查看该平台的热点内容，如此处单击"微博"按钮，在打开的界面中可查看微博的热搜榜，可以单击"热搜榜""话题榜""新时代""电影榜"选项卡，查看不同类别的热门内容，如图10-32所示。

（二）订阅热榜

在今日热榜中，用户还可以订阅自己想关注的热榜，具体操作如下。

（1）启动浏览器，搜索进入今日热榜官网。

微课视频
订阅热榜

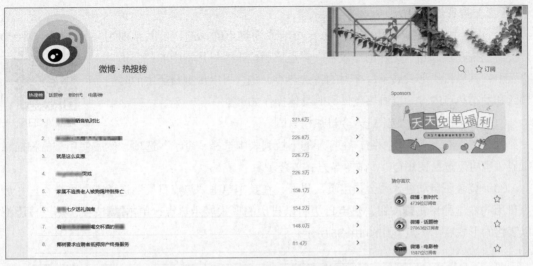

图 10-32　查看具体平台的热点内容

（2）单击右上角的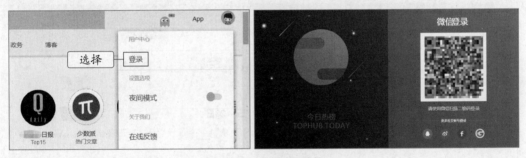按钮，在打开的下拉列表中选择"登录"选项，然后使用微信扫描二维码（也可以选择使用QQ、微博等方式）登录，如图10-33所示。

图 10-33　登录今日热榜

（3）进入今日热榜首页，单击"综合"选项卡，在自己想要关注的热榜右下方单击☆按钮，订阅该热榜，如图10-34所示。

图 10-34　订阅热榜

（三）查看热点日历

今日热榜中的热点日历收集了每日可能成为热点的话题，可以帮助用户提前挖掘热点选题、提升创作效率。热点日历位于今日热榜中的"会员主页"中，其以日历形式展示每个月的备选热点，用户可以根据日历中的时间预约和发布热点内容。查看热点日历的具体操作如下。

（1）启动浏览器，搜索进入今日热榜官网。

（2）单击右上角的●按钮，在打开的下拉列表中选择"登录"选项，然后使用微信扫描二维码（也可以选择使用QQ、微博等方式）登录。

（3）登录后自动进入"会员主页"界面，在其中单击"热点日历"选项卡即可查看。在热点日历的左上角单击█按钮，热点日历将以日历的形式展示热点；单击██按钮，热点日历将以表格的形式展示热点，如图10-35所示。

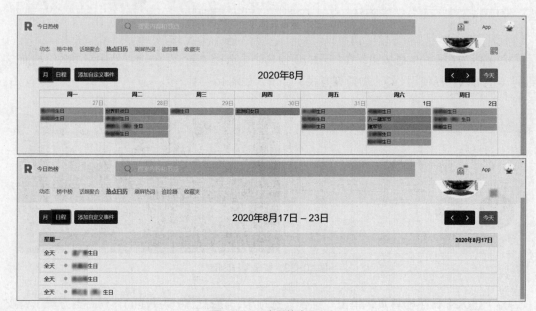

图10-35　查看热点日历

任务四　使用凡科互动创建营销活动

在新媒体时代，线上活动有助于解决用户流失严重的问题，通过与用户的持续互动来增强用户黏性。使用凡科互动创建营销活动，不仅可以获取流量，还可以活跃用户、转化客户。

一、任务目标

使用凡科互动创建营销活动，包括抽奖活动、投票活动等。通过本任务的学习，用户可以掌握使用凡科互动创建营销活动的基本操作。

二、相关知识

凡科互动隶属于广州凡科互联网科技股份有限公司，是一个免费的活动制作平台。使用凡科互动，用户无须编程与设计，就可以快速创建一个好玩的活动。凡科互动可以帮助用户解决各类活动营销、线上/线下引流、微信公众号涨粉，活跃、留存用户的问题，其活动类型丰富，包括游戏抽奖活动、裂变引流活动、商业促销活动、投票活动等。

三、任务实施

（一）创建抽奖活动

凡科互动提供了多种抽奖活动的模板，选择相应的模板即可开始创建活动。下面在凡科互动中创建抽奖活动，具体操作如下。

微课视频

创建抽奖活动

（1）启动浏览器，搜索进入凡科互动网站并登录。

（2）将鼠标指针移至"模板"选项卡，在打开的下拉列表中选择"活动模板"选项。

（3）"模板"界面显示全部活动的模板，单击"抽奖活动"选项卡，根据需要选择相应的模板，此处单击第2个模板选项，如图10-36所示。

（4）在打开的界面中单击 ▇▇▇ 按钮开始创建活动。

（5）进入活动设置界面，单击"基础设置"选项卡，设置抽奖活动的基本选项，如活动标题、活动时间、参与人数和活动说明等，此处在"活动标题"文本框中输入"充值赢大奖"文本，将活动时间设置为"2020-08-24 09:00 至 2020-08-26 23:00"，其他选项保持默认，如图10-37所示。

图10-36 选择活动模板

图10-37 基础设置

（6）单击"派奖方式"选项卡，在其中设置抽奖限制和中奖率，此处在"每日抽奖机会"后的文本框中输入"1"，再单击选中"抽奖模式"后的"时间均匀发放"单选项，其他选项保持默认不变，如图10-38所示。

（7）单击"奖项设置"选项卡，在其中设置活动需要派发的奖项。单击"奖项一"选项卡，在"基本选项·奖项一"栏下的"奖项名称"文本框中输入"冰箱"，在"兑奖选项·奖项一"栏下的"兑奖地址"文本框中输入兑奖地址，然后单击选中"兑奖期限"后的"固定时长"单选项，其他选项保持默认不变，如图10-39所示。

图10-38　派奖方式设置

图10-39　奖项设置

（8）按照相同的方法单击"奖项二"和"奖项三"选项卡，分别设置"奖项二"和"奖项三"的奖项名称为"口红"和"手持风扇"。

（9）单击"高级设置"选项卡，在其中单击 +上传二维码 按钮，打开"打开"对话框，在其中选择微信公众号的二维码图片上传，其他选项保持默认不变。

（10）设置完毕，单击界面右上角的 [保存] 按钮保存，再单击 [预览与发布] 按钮，在打开的界面中预览与发布抽奖活动。若暂不发布活动，可单击 ⟳ 按钮退回编辑。

（11）创建完毕的抽奖活动效果如图10-40所示。

图10-40　抽奖活动效果

（二）创建投票活动

除了抽奖活动，投票活动也是一个可以增强用户互动性和用户黏性的营销活动。下面在凡科互动中创建投票活动，具体操作如下。

（1）启动浏览器，搜索进入凡科互动网站。

（2）将鼠标指针移至"模板"选项卡，在打开的下拉列表中选择"活动模板"选项。

（3）"模板"界面显示全部活动的模板，单击"投票活动"选项卡，根据需要选择相应的模板，此处选择第5个选项模板，如图10-41所示。

（4）在打开的界面中单击 [创建] 按钮开始创建活动。

（5）进入活动设置界面，单击"基础设置"选项卡，设置投票活动的基本选项，如输入活动标题、活动说明等。图10-42所示为基本选项设置后的效果。

（6）单击"报名设置"选项卡，在其中可以设置投票活动的报名时间、报名须知、参与设置等，此处将活动时间设置为"2020-08-20 12:00 至 2020-08-21 12:00"，其他选项保持默认，如图10-43所示。

（7）单击"投票设置"选项卡，在其中选择活动的投票时间、投票形式、每日可投票数等。此处将投票活动时间设置为"2020-08-21 09:00 至 2020-08-27 09:00"，其他选项保持默认，如图10-44所示。

图 10-41　选择活动模板

图 10-42　基础设置

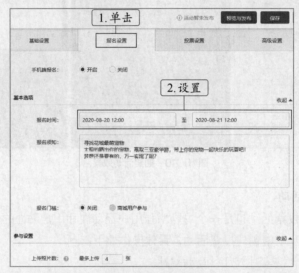

图 10-43　报名设置

图 10-44　投票设置

（8）单击"高级设置"选项卡，在其中填写主办单位、设置分享等，此处不填写主办单位的名称，其他选项保持默认不变。

（9）设置完毕，单击界面右上角的 保存 按钮保存，再单击 预览与发布 按钮，在打开的界面中预览与发布投票活动。创建完毕的投票活动效果如图10-45所示。

图10-45　投票活动效果

其他类型的活动

除了抽奖活动和投票活动外，在凡科互动中还可以创建游戏类活动、推广活动、签到活动等，具体操作方法与抽奖活动、投票活动类似，由于篇幅有限，此处不再赘述。

实训一　创建二维码

【实训要求】

使用草料二维码中的模板创建内容为介绍产品款式的二维码，主要包括应用模板、修改内容、生成二维码并美化等操作。通过本实训可以进一步练习使用草料二维码创建二维码的方法。

【实训思路】

登录草料二维码后，先在模板库中选择模板，然后应用模板并使用素材文件夹中的素材图

微课视频

创建二维码

片替换内容（素材所在位置：素材文件\项目十\实训一\01.jpg、02.jpg、03.jpg、04.jpg、产品信息.docx），最后生成、美化并下载二维码。图10-46所示为二维码的部分内容。

图10-46　二维码的部分内容

【步骤提示】

（1）启动浏览器进入草料二维码官网并登录。

（2）单击"模板库"选项卡，根据实际情况选择需要的模板并应用。

（3）进入编辑界面，依次替换模板的内容。

（4）修改完毕，单击二维码下方的 保存内容 按钮保存二维码内容；单击 完成编辑 按钮完成二维码的创建。

（5）单击 二维码美化 按钮美化二维码，最后单击 下载 按钮下载二维码（效果所在位置：效果文件\项目十\实训一\产品介绍二维码.png）。

实训二　排版微信公众号文章

【实训要求】

使用135编辑器中的模板排版素材文件夹中的微信公众号文章（素材所在位置：素材文件\项目十\实训二\九顶山.jpg、玛嘉沟.jpg、孟屯河谷.jpg、墨石公园.jpg、旅行.jpg、四川旅游地点推荐.docx）。通过本实训的操作进一步巩固使用135编辑器排版的基本方法。

微课视频

排版微信公众号文章

【实训思路】

进入135编辑器后，先在模板中心挑选合适的模板并使用，然后将模板内容替换为微信公众号文章中的内容，最后快速保存文章。图10-47所示为微信公众号文章排版后的部分效果（效果所在位置：效果文件\项目十\实训二\四川旅游地点推荐.png）。

【步骤提示】

（1）启动浏览器进入135编辑器官网并登录。

（2）选择【素材库】/【模板中心】菜单命令，进入135编辑器的"模板中心"界面，在其中选择喜欢的模板，然后单击 立即使用 按钮。

（3）进入编辑器，根据提供的素材替换模板内容，对文章进行排版。

（4）排版完成后单击 快速保存 按钮保存文章。若要同步到微信公众号，则单击 保存同步 按钮，在打开的"保存图文"对话框中输入图文标题、摘要，并设置封面、选择授权的微信公众号等。

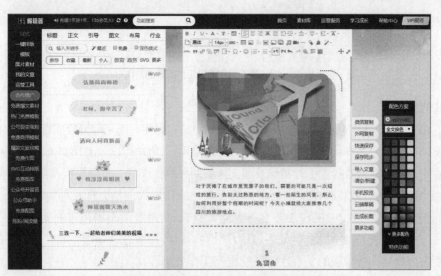

图10-47　微信公众号文章排版后的部分效果

课后练习

练习1：创建带音频、视频的二维码

使用草料二维码创建一个带音频、视频的二维码，主题自定，素材不限。

练习2：使用今日热榜查看当前热点并撰写一篇文章

使用今日热榜查看当前热点，并根据热点撰写一篇带热点的微信公众号文章。

练习3：使用135编辑器排版微信公众号文章

使用135编辑器排版撰写的微信公众号文章，可以使用135编辑器的模板，也可以自行设计排版样式。

练习4：创建抽奖活动

使用凡科互动创建一个抽奖活动，并设置其基本选项、派奖方式、奖项等，素材不限，主题自定。

技巧提升

1. 静态码和活码

常见的路边摊、菜市、杂货店等贴在墙上或者打印好的二维码就属于静态码，其是直接将需要展示的目标内容（仅限字符串，即字母、符号、数字）编码成二维码，生成后的目标内容不可更改。活码也叫动态二维码，是与静态码相对的概念，活码生成后，内容可以修改，二维码不变。活码印刷后，仍然可以在其中随时修改内容，如更换手机号、公司地址变动、人员信息调整等。图10-48所示为静态码和活码工作原理的对比。

 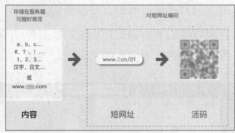

图 10-48 静态码和活码工作原理的对比

2. 其他编辑器

除了 135 编辑器外，秀米编辑器和 i 排版编辑器也非常好用。秀米编辑器拥有很多原创模板素材，排版风格也十分多样化、个性化，在秀米编辑器中，用户可以设计出具有专属风格的排版样式。另外，秀米编辑器内置了秀制作及图文排版两种制作模式，页面模板及组件更丰富多样。

i 排版编辑器是一款优秀的文字处理排版工具，操作界面简洁，样式种类丰富，支持一键修改字间距、一键缩进、一键添加签名等。除此之外，i 排版编辑器还带有短网址、超链接、弹幕样式、一键生成长微博功能，只需短短几分钟，就能排版好一篇漂亮的文章，不仅帮助用户提高微信公众号文章排版的美观性，还能提高工作效率。

3. 其他热点工具

除了今日热榜之外，新榜也是一个比较好用的热点查询工具。新榜是上海看榜信息科技有限公司旗下的产品，其构建了微信公众号系列榜单，覆盖了十分全面的样本库，与微博、企鹅媒体平台、优酷、爱奇艺、秒拍、美拍、喜马拉雅 FM、蜻蜓 FM、UC、淘宝头条、网易新闻客户端、凤凰新闻客户端等多个中国主流内容平台签约了独家或优先数据合作。通过新榜，用户不仅可以查看各大平台的榜单，跟进当前热点，还可以查看分析单个账号的数据，如总阅读数、总在看数、新榜指数等，功能涵盖了数据服务、运营增长、内容营销、版权分发等方面。图 10-49 所示为新榜中的公众号榜单。

图 10-49 新榜中的公众号榜单